BEI GRIN MACHT SICH IHR WISSEN BEZAHLT

- Wir veröffentlichen Ihre Hausarbeit, Bachelor- und Masterarbeit

- Ihr eigenes eBook und Buch - weltweit in allen wichtigen Shops

- Verdienen Sie an jedem Verkauf

Jetzt bei www.GRIN.com hochladen und kostenlos publizieren

Bibliografische Information der Deutschen Nationalbibliothek:

Die Deutsche Bibliothek verzeichnet diese Publikation in der Deutschen National-
bibliografie; detaillierte bibliografische Daten sind im Internet über http://dnb.d-
nb.de/ abrufbar.

Impressum:

Copyright © 2010 GRIN Verlag, Open Publishing GmbH
Druck und Bindung: Books on Demand GmbH, Norderstedt Germany
ISBN: 9783640552641

Ben Herzog

Adaptation und Phosphorylierung in Cyanobakterien

Kompensatorische, reversible Phosphorylierung und Zweikomponenten-systeme

GRIN Verlag

Benjamin Herzog

6. Fachsemester

Berlin, den 29. September 2009

Bachelorarbeit in Biophysik:

Adaptation und Phosphorylierung in Cyanobakterien

Adaptation and Phosphorylation in Cyanobacteria

Benjamin Herzog

Sommersemester 2009

Inhaltsverzeichnis

    Seite

A. Einleitung 3

B. Kompensatorische Phosphorylierung 4

  I. Reversible Phosphorylierung als Grundlage 4

    1. Massenwirkungskinetik 6

    2. Michaelis-Menten-Kinetik 7

      a. Einstellung des Fließgleichgewichts 8

      b. Veränderung von v_1 und v_2 9

      c. Signalantwortverhalten 9

  II. Beeinflussbarkeit der Konzentration des aktiven Enzyms 10

  III. Kompensation von Konzentrationsschwankungen 12

    1. Unabhängigkeit von K/P durch Bifunktionalität 12

    2. Unabhängigkeit von E_T durch Autokatalyse 13

    3. Unabhängigkeit von E_T durch einseitige Sättigung 14

      a. Heuristisches Modell mit Michaelis-Menten-Kinetik 14

      b. Problematik der Anwendung von Michaelis-Menten-Kinetik 16

      c. Anwendung von Massenwirkungskinetik bei zwei Bindungsstellen ... 17

        aa. Kinaseaktivität des Dreierkomplexes und geordnete Bindung 17

        bb. Kinase- und Phosphataseaktivität sowie ungeordnete Bindung ... 19

  IV. Kompensatorische Phosphorylierung in *E.coli* und Cyanobakterien 20

    1. Glyoxylatabzweigung in *E.coli* 20

    2. Glyoxylatabzweigung in Cyanobakterien 22

    3. Pyruvatdehydrogenasekomplex in Cyanobakterien 22

C. Zweikomponentensysteme 24

  I. Mechanismus der Invarianz 24

  II. Vorkommen in *E.coli* und in Cyanobakterien 26

D. Multiple Phosphorylierung in zweikomponentigen Systemen 28

  I. Multiple Phosphorylierung 28

  II. Regulation der Glutaminsynthetase über PII in *E.coli* 28

  III. Regulation von PII und der Glutaminsynthetase in Cyanobakterien 31

E. Zusammenfassung 32

A. Einleitung

Homöostase ist eine wichtige Eigenschaft aller Lebewesen. Durch Anpassung an veränderte Umweltbedingungen, gelingt es dem Organismus die Schwankungen in seiner Umgebung auszugleichen. Im Laufe der Evolution haben sich Möglichkeiten entwickelt, auf kurzfristige und langfristige Veränderungen der Umwelt adäquat zu reagieren. Es hat sich dabei herausgestellt, dass der posttranslationalen Veränderung von Proteinen wie der Phosphorylierung bei vielen Anpassungsprozessen eine bedeutende Rolle zukommt[1]. Um eine genaue Regulierung sicherzustellen tritt bei all diesen Vorgängen eine Kompensation von Schwankungen der beteiligten Komponenten auf. Während über Phosphorylierungen und deren Invarianz beim Menschen und *E.coli* einiges bekannt ist, weiß man bisher nur relativ wenig darüber in Cyanobakterien. Dieser Aufsatz stellt exemplarisch einzelne Phosphorylierungsmethoden sowie deren robuste Regulierung bei *E.coli* vor und vergleicht sie mit dem bekannten Wissen über derartige Vorgänge in Cyanobakterien.

Phosphorylierungen sind die wichtigsten Regulierungsmechanismen in Zellen. Am bekanntesten ist der MAP-Kinaseweg mit mindestens drei sich nacheinander phosphorylierenden Kinasen[2]. Der MAP-Kinaseweg ist unter anderem an der Regulation der Embryogenese, der Zelldifferenzierung, des Zellwachstums und des Programmierten Zelltodes beteiligt.

Durch reversible Phosphorylierung werden Proteine in Stoffwechselprozessen zur Dirigierung von Verzweigungen oder in Adaptationsprozessen wie der Chemotaxis an- und abgeschaltet. Grund für den diskreten Aktivierungsprozess ist die bei bestimmten Parametern auftretende Ultrasensitivität des zu aktivierenden Proteins auf ein externes Signal[3]. Es ist der Zelle dadurch möglich, genau zwischen zwei unterschiedlichen Zuständen zu unterscheiden. Dies gilt nicht nur für die kurzfristige, sondern auch für die langfristige Einstellung auf Umweltveränderungen durch Genaktivierung.

Bei der langfristigen Antwort registriert in so genannten Zweikomponentensystemen eine Sensorkinase in der Membran bestimmte Botenstoffe, phosphoryliert sich und überträgt die Phosphorylgruppe auf einen Regulator, der dann meist Gene aktiviert oder deaktiviert[4]. Beispielsweise werden dadurch Porenproteine synthetisiert, mit deren Hilfe bestimmte neu im Milieu vorhandene Stoffe aufgenommen und verwertet werden können.

Kurz- und langfristige Regulierung unterscheiden sich in ihrer Geschwindigkeit und ihrer Nachhaltigkeit. Die langfristige Antwort erfordert durch Transkription und Translation mehr Zeit als die kurzfristige Antwort, bei der lediglich Phosphorylgruppen verknüpft und abgetrennt werden. Dafür

---

[1] Kennelly et al. 1999.

[2] Pearson et al. 2001.

[3] Goldbeter et al. 1981.

[4] Stock et al. 1989.

stehen bei der langfristigen Antwort die neusynthetisierten Proteine für längere Zeit zur Verfügung, bevor sie dann proteolytisch wieder abgebaut werden.

Beide Methoden haben gemeinsam, dass sie gemessen an ihrem Eingabe-/Ausgabeverhältnis immer gleich erfolgen müssen, da die Antwort nicht von der Konzentration einer beteiligten Komponente abhängen soll. Denn diese neigen in der Zelle unter anderem wegen des ungerichteten Transports und ungleichen Zellteilungen zu starken Schwankungen[5]. Um dennoch Ressourcenverbrauch, wie er sich zum Beispiel bei überhöhter Nutzung des Transkriptionsapparates bemerkbar machen würde, und Fehlleitungen etwa bei Verzweigungen entgegenzuwirken, muss die Zelle über Mechanismen zur präzisen und konstanten Regelung verfügen.

In dieser Arbeit soll aufgezeigt werden, wie Cyanobakterien durch Phosphorylierung lang- und kurzfristig auf Umweltveränderungen reagieren und wie sie sich an interne sowie externe Schwankungen anpassen. Zu diesem Zweck werden sowohl die kurzfristig wirkende Kompensatorische Phosphorylierung als auch Zweikomponentensysteme zur langfristigen Anpassung an mehreren Beispielen besprochen. Im Anschluss daran werden Zweikomponentensysteme mit multiplen Phosphorylierungen erklärt. Ausgangspunkt der Untersuchungen ist in jedem Fall *E.coli*, da es im Vergleich zu Cyanobakterien besser untersucht ist.

B. Kompensatorische Phosphorylierung

Kompensatorische Phosphorylierung ist der Ausgleich von Konzentrationsschwankungen durch reversible Phosphorylierung[6]. Für das Verständnis der kompensatorischen Wirkung sind daher zunächst die grundlegenden Eigenschaften der reversiblen Phosphorylierung zu untersuchen. Davon ausgehend werden die beiden bisher bekannten Möglichkeiten der Erhaltung konstanter Konzentrationen des aktiven Enzyms vorgestellt. Es handelt sich dabei um Autokatalyse und um einseitige Sättigung einer der beiden Reaktionen.

I. Reversible Phosphorylierung als Grundlage

In der einfachsten Form der Phosphorylierungsmöglichkeiten wird ein Protein durch Dephosphorylierung mittels einer Phosphatase aktiviert und durch Phosphorylierung mittels einer Kinase deaktiviert (Grafik 1) bzw. umgekehrt. Bei diesem Mechanismus wird insgesamt mehr von dem benötigten Enzym produziert, aber nur ein bestimmter Teil durch Phosphorylierung aktiviert. Auf diese Art und

---

[5] Kaufmann et al. 2007.

[6] LaPorte et al. 1985.

Weise kann sich die Zelle schnell auf wechselnde Umweltbedingungen einstellen, indem sie einfach das Protein durch ein Signal an die Kinase bzw. Phosphatase ein- und ausschaltet.

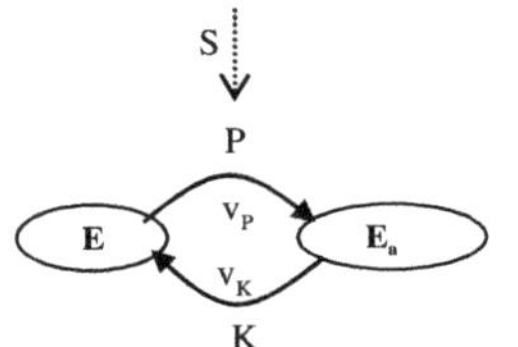

P - Konzentration der Phosphatase

k_P - Geschwindigkeitskonstante der Phosphatasereaktion

S - Signal

K - Konzentration der Kinase

k_K - Geschwindigkeitskonstante der Kinasereaktion

Grafik 1: Signalinduzierte reversible Dephosphorylierung zur Aktivierung von Protein E.

Die reversible Phosphorylierung, wie sie hier dargestellt ist, ist chemisch gesehen eine so genannte O-Phosphorylierung. Als O-Phosphorylierung wird die ATP-abhängige Phosphorylierung von Serin-, Threonin- und Tyrosinresten unter Ausbildung einer Phosphomonoesterbindung bezeichnet. Diese Art der Phosphorylierung wurde zuerst in Eukaryonten entdeckt. Die Bedeutung in Bakterien und Archaea tritt aufgrund biochemischer und genomischer Analysen zunehmend zutage.

Die O-Phosphorylierung spielt in Cyanobakterien eine wichtige Rolle bei Adaptionsprozessen unter verschiedenen Bedingungen wie z.B. bei verschiedenen Beleuchtungen, bei Salzstress, bei der Heterocystenbildung und bei unterschiedlichen Nährstoffangeboten[7]. In Cyanobakterien wurden diverse Serin-, Threonin- und Tyrosinkinasen und -phosphatasen identifiziert[8]. Ihre physiologischen Bedeutungen sind aber bisher nicht bekannt. Die komplette Sequenzierung des Genoms von *Anabaena variabilis* zeigte 76 putative Kinasen und Phosphatasen auf[9]. Das ist bisher die größte Anzahl unter den prokaryontischen Genomen und lässt auf komplexe Signaltransduktionen schließen.

Die Dynamik von Signalübertragungsketten (Kinetik) wird gemeinhin durch Differentialgleichungen dargestellt. Im Folgenden werden auf die reversible Phosphorylierung in Grafik 1 zwei verschiedene Differentialgleichungen angewendet. Die Massenwirkungskinetik beruht auf einfacher Stöchiometrie, während die Michaelis-Menten-Kinetik darauf aufbauend noch die Möglichkeit der Sättigung an einem Enzym-Substrat-Komplex berücksichtigt.

---

[7] Sanders et al. 1989; Hagemann et al. 1993; Mann 1994.

[8] Zhang et al. 2005.

[9] Zhang et al. 2005, Table 1.

1. Massenwirkungskinetik

Unter Außerachtlassung des Signals ergibt sich für Grafik 1 folgende Differentialgleichung mit Massenwirkungskinetik:

$$(1) \quad \frac{dE}{dt} = v_K - v_P = k_K \cdot K \cdot E_a - k_P \cdot P \cdot E$$

Die Einstellung des Fließgleichgewichts lässt sich mittels Matlab darstellen[10] (Grafik 2):

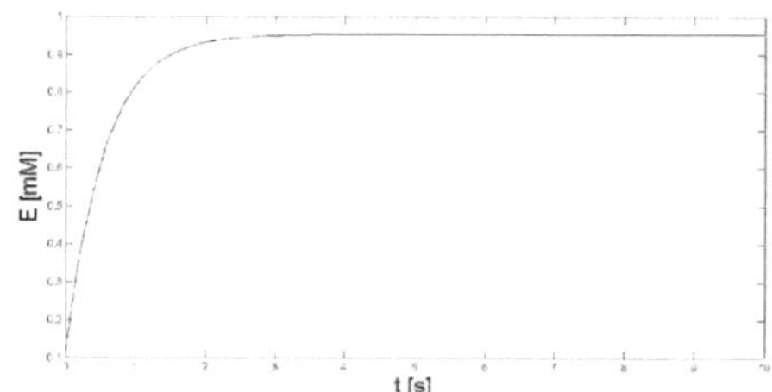

Grafik 2: Einstellung des Fließgleichgewichts von E.

Die Veränderungen von v_P bei verschiedenen Signalstärken ($S_1 < S_2 < S_3$) und die Veränderungen von v_K in dem System (1) (Grafik 1) können in Abhängigkeit von E_a (bzw. t) separat betrachtet werden (Grafik 3):

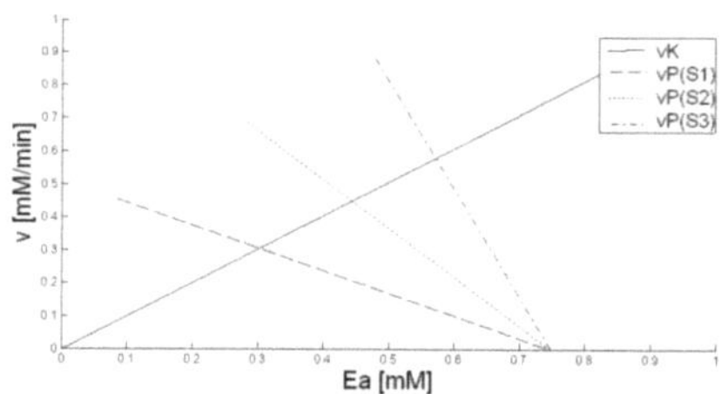

Grafik 3: v_P bei verschiedenen Signalstärken und v_K in Abhängigkeit von E_a.

Mit steigendem E_a verlagert sich der Fluss zu v_K, welches proportional ansteigt, während v_P indirekt proportional abnimmt. Mit steigender Signalstärke wird die Abnahme von v_P (S) verstärkt. Die Schnittpunkte von v_P und v_K in Grafik 3 stellen die Fließgleichgewichte dar. An diesen Stellen gilt: $v_K = v_P$. Daraus folgt in (1):

$$\frac{dE}{dt} = \frac{dE_a}{dt} = 0$$

---

[10] Anhang zu Grafik 2.

und für E_a gilt im Fließgleichgewicht:

$$\overline{E}_a = \frac{k_P}{k_K} \frac{P}{K} E$$

Die aktive Konzentration des Proteins hängt im Fließgleichgewicht demnach von den Verhältnissen $\frac{k_P}{k_K}, \frac{P}{K}$ und von E direkt ab.

2. Michaelis-Menten-Kinetik

Die Michaelis-Menten-Kinetik berücksichtigt, dass bei enzymatisch katalysierten Reaktionen sich immer ein Enzym-Substrat-Komplex bildet. Durch die Komplexbildung ist es möglich, dass bei Überfluss des Substrates eine Sättigung an der Bindungsstelle des Enzyms eintritt und dadurch eine Höchstgeschwindigkeit $v_{max} = k_{cat} \cdot E_T$ nicht überschritten wird. Diese Kinetik findet sich aufgrund der daraus resultierenden Regulierbarkeit durch E_T und der Unabhängigkeit von Schwankungen an vielen enzymatisch gesteuerten Stoffwechselwegen.

Durch Anwendung von Michaelis-Menten-Kinetik ergibt sich für die Aktivierung in Grafik 1 folgendes Schema, wenn man annimmt, dass ein Enzym B sowohl phosphoryliert als auch dephosphoryliert[11]:

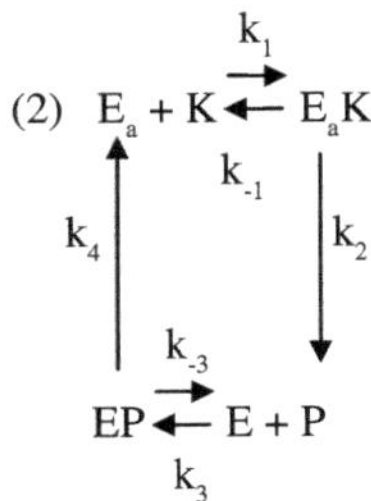

Es werden die sich bildende Enzym-Substrat-Komplexe E_aK und EK berücksichtigt. Die entsprechende Differentialgleichung ist:

$$(3) \quad \frac{dE}{dt} = v_K - v_P = \frac{k_K \cdot K \cdot E_a}{K_m{}^K + E_a} - \frac{k_P \cdot P \cdot E}{K_m{}^P + E}$$

---

[11] Shinar et al. 2009.

a. Einstellung des Fließgleichgewichts

In dem von Gleichung (2) beschriebenen System, stellt sich mit der Zeit ein Fließgleichgewicht ein (Grafik 4)[12]:

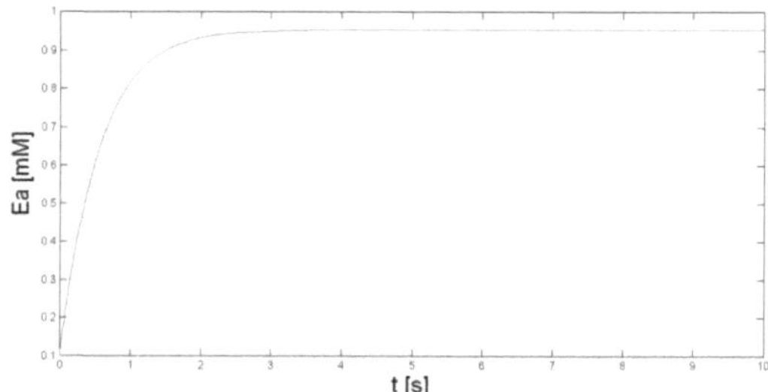

Grafik 4: Einstellung des Fließgleichgewichts von E_a.

Das Fließgleichgewicht kann man durch Variation der Parameter in (3) ändern (Grafik 5)[13]:

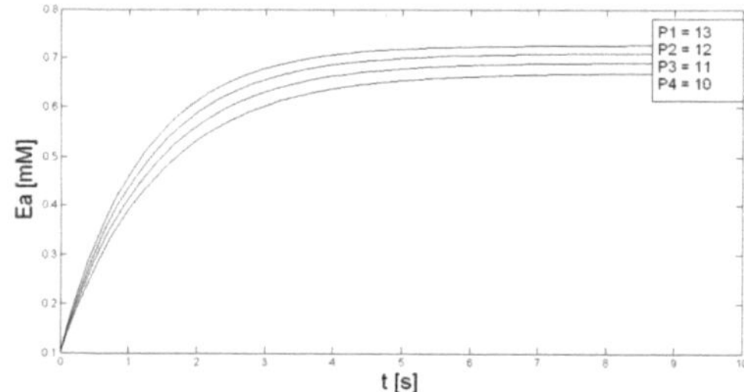

Grafik 5: Einstellung des Fließgleichgewichts von E_a bei verschiedenen Konzentrationen der Phosphatase P.

Um die vollständige Abhängigkeit des Fließgleichgewichts von P zu erhalten, muss Gleichung (3) im Fließgleichgewicht umgestellt werden (mit $K_m^P = K_m^K = K_m$) zu:

$$0 = k_K \cdot K \cdot K_m \cdot E_a + k_K \cdot K \cdot E_a - k_K \cdot E_a^2 + k_P \cdot P \cdot K_m * E_a - k_P \cdot P \cdot E_a + k_P \cdot P \cdot E_a^2 - k_P \cdot P \cdot K_m$$

Mit dem Befehl „fzero" kann in Matlab die Nullstelle numerisch berechnet werden. Wenn man dies mehrmals hintereinander für verschiedene P ausführt, erhält man ein Feld mit den jeweiligen Fließgleichgewichten von E_a [14]:

---

[12] Anhang zu Grafik 4.

[13] Anhang zu Grafik 5.

[14] Anhang zu Grafik 6.

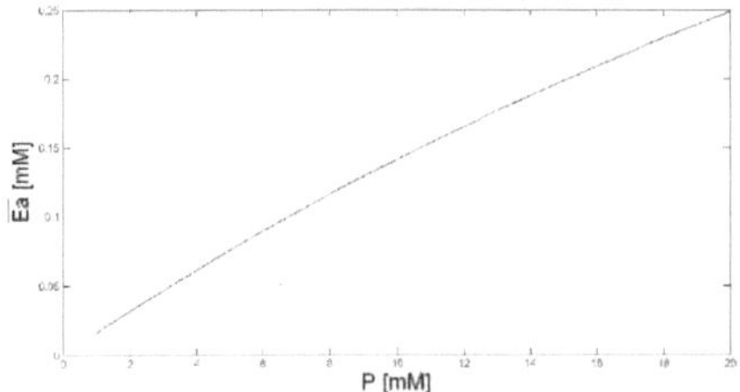

Grafik 6: Veränderung des Fließgleichgewichts von E_a in Abhängigkeit von P.

Es zeigt sich in Grafik 6, dass $\overline{E}_a$ linear von P abhängig ist. $\overline{E}_a$ kann daher durch P bzw. ein Signal exakt eingestellt werden. Dies ist für die Regulierung der Phosphorylierung bzw. der Verzweigung nötig.

b. Veränderung von v_1 und v_2

Die Veränderungen von v_2 und v_1 bei verschiedenen Signalstärken (Kinasestärken) lassen sich darstellen (Grafik 7). Dabei ist das Verhalten ähnlich zu dem unter Massenwirkungskinetik (Grafik 3), nur dass keine linearen, sondern hyperbolische Kurven zu beobachten sind. Auch hier nimmt v_1 bei höherem S von einem höheren Niveau schneller ab.

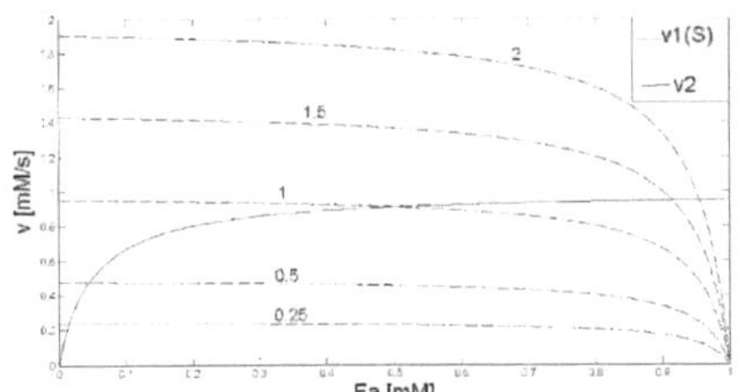

Grafik 7: v_1 (durchgezogen) und v_2 (gestrichelt) bei verschiedenem S in Abhängigkeit von E_a.

c. Signalantwortverhalten

Das Signalantwortverhalten lässt sich darstellen (Grafik 8)[15], indem man (3) mit der Annahme $E + E_a = E_T = $ konst. $= 1$ im Fließgleichgewicht umformt:

$$S^K = \frac{k_P \cdot P}{k_K \cdot K} = \frac{(K_m^P + \overline{E}_a)(1 - \overline{E}_a)}{\overline{E}_a(K_m^K + 1 - \overline{E}_a)}$$

S^K (P) stelle bei festgehaltener Kinase K das Signal dar.

---

[15] Anhang zu Grafik 8.

Es gelte wieder: $K_m = K_m^{\ P} = K_m^{\ K}$:

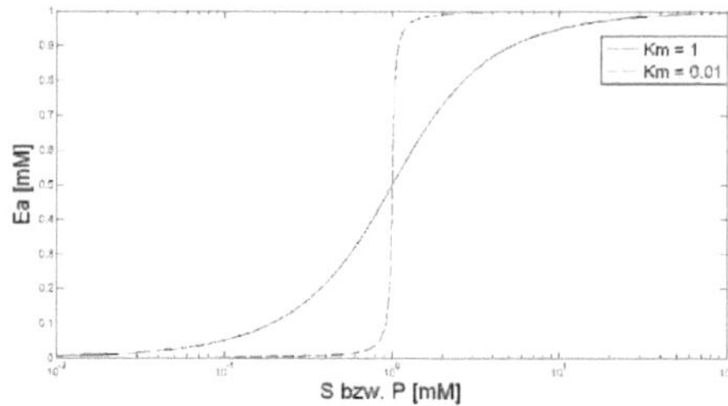

Grafik 8: Signalantwortverhalten bei reversibler Phosphorylierung. Je kleiner der K_m-Wert, desto abrupter ist die Antwort. Ultrasensitivität tritt bei K_m=0.01 auf.

Es tritt bei der Aktivierung von E "Ultrasensitivität" auf, wenn der K_m-Wert klein ist (Grafik 8). In diesem Spezialfall schnellt bei einer kritischen Signalstärke die Signalantwort, vergleichbar einem Schalter, abrupt in die Höhe. Das Phänomen ist bekannt als Goldbeter-Koshland-Schalter[16]. Dadurch können binäre Einstellungen hervorgerufen werden. Eine solche Art der Regulierung dient Zellen zum An- und Abschalten von Enzymen und anderen Proteinen.

II. Beeinflussbarkeit der Konzentration des aktiven Enzyms

Die Konzentration des aktiven Proteins ist Schwankungen ausgesetzt[17]. Um die Störfaktoren zu zeigen, reicht es, das System mit Massenwirkungskinetik gemäß (1) im Fließgleichgewicht zu betrachten:

$$k_K \cdot K \cdot E_a = k_P \cdot P \cdot E$$

Mit der Erhaltungsgleichung: $E + E_a = E_T$ gilt:

$$k_K \cdot K \cdot E_a = k_P \cdot P \cdot (E_T - E_a) \quad\rightarrow\quad E_a\,(k_K \cdot K + k_P \cdot P) = k_P \cdot P \cdot E_T$$

$$E_a = \frac{k_P \cdot P \cdot E_T}{k_K \cdot K + k_P \cdot P}$$

$$(4) \qquad E_a = \frac{k_P}{k_K \cdot \dfrac{K}{P} + k_P}\, E_T$$

E_a wird somit von den zwei Störfaktoren K/P und E_T beeinflusst.

---

[16] Goldbeter et al. 1981.

[17] Kaufmann et al. 2007.

Um sich zu verdeutlichen, wie E_a von E_T unter Anwendung von Michaelis-Menten-Kinetik abhängt, ist (3) unter der Maßgabe $E + E_a = E_T$ im Fließgleichgewicht wie folgt umzuformen:

$$\frac{k_K \cdot K \cdot E_a}{K_m^{\,K} + E_a} = \frac{k_P \cdot P \cdot (E_T - E_a)}{K_m^{\,P} + (E_T - E_a)}$$

Es gelte: $K_m = K_m^{\,K} = K_m^{\,P}$.

$$E_a 1/2 = \frac{-k_K \cdot K \cdot K_m^{\,P} - k_P \cdot P \cdot K_m^{\,K} - (k_K \cdot K - k_P \cdot P) E_T \pm \sqrt{(k_K \cdot K \cdot K_m^{\,P} + k_P \cdot K \cdot K_m^{\,K} + (k_K \cdot K - k_P \cdot P) E_T)^2 + 4(k_P \cdot P - k_K \cdot K) k_P \cdot P \cdot K_m^{\,K} \cdot E_T}}{2(k_P \cdot P - k_K \cdot K)}$$

Da es negative Konzentrationen nicht gibt, ist nur E_{a1} zu verwenden und gegen E_T aufzutragen[18] (Grafik 9):

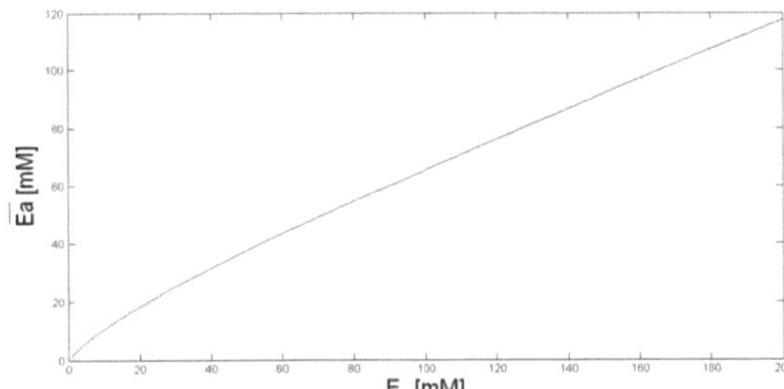

Grafik 9: $\overline{E}_a$-Abhängigkeit von E_T.

Es zeigt sich ein stärkerer Anstieg der Fließgleichgewichtskonzentration bei kleinerem E_T, der dann allmählich in einen linearen Anstieg übergeht (Grafik 9). Eine lineare Abhängigkeit ergibt sich auch bei numerischer Berechnung von E_a in Abhängigkeit von E_T (Grafik 10)[19]:

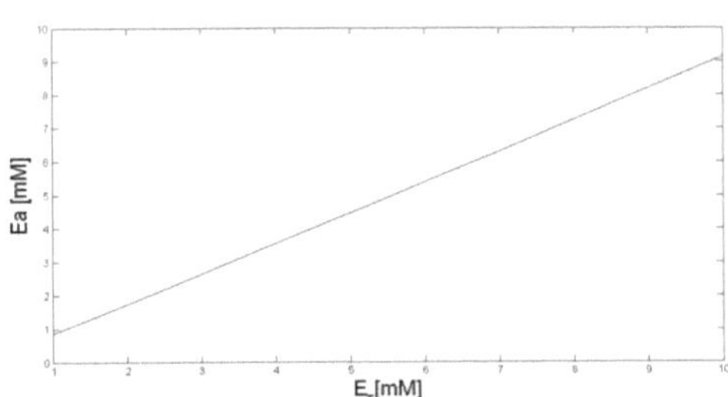

Grafik 10: Abhängigkeit von E_a von E_T.

---

[18] Anhang zu Grafik 9.

[19] Anhang zu Grafik 10.

Die Geschwindigkeit des aktiven Enzyms hängt demnach auch bei Anwendung von Michaelis-Menten-Kinetik von E_T und den damit verbundenen Schwankungen durch ungerichteten Transport und ungleichmäßige Zellteilungen ab (Grafik 10 und 11). Die einfache Aktivierung ohne diese Mechanismen kann deswegen nur an Stellen in der Zelle vorkommen, bei denen es nicht auf eine konstante Konzentration des Proteins ankommt[20].

Die Zelle könnte die Schwankungen durch allosterische Interaktion von Signalproteinen mit der Kinase/Phosphatase verringern und dadurch ein konstantes E_a bekommen. Dies ist aber kaum möglich, da die Signalproteine selbst konstant gehalten werden müssten. Es bedarf daher anderer Mechanismen, um die Störfaktoren zu eliminieren und eine präzise Regulierung zu ermöglichen.

III. Kompensation von Konzentrationsschwankungen

Durch die Kompensatorische Phosphorylierung kann die Zelle Schwankungen von Proteinkonzentrationen ausgleichen[21]. Dies geschieht bei der reversiblen Phosphorylierung, indem die Konzentration des aktiven Proteins unabhängig von der Gesamtkonzentration und dem Verhältnis der interkonvertierenden Enzyme gehalten wird. Das System kann die Unabhängigkeit von K/P durch Bifunktionalität und die Unabhängigkeit von E_T durch einseitige Sättigung[22] bzw. durch einfache Autokatalyse erreichen[23].

1. Unabhängigkeit von K/P durch Bifunktionalität

Das Verhältnis der interkonvertierenden Enzyme P und K wird durch ein bifunktionales Enzym konstant gehalten. Solch ein Enzym (Isocitratdehydrogenasekinasephosphatase) findet sich zum Beispiel an der Glyoxylatverzweigung in *E.coli*[24]. Es handelt sich dabei um ein Enzym, das sowohl eine Phosphatase als auch eine Kinase besitzt (Enzym B in Grafik 11):

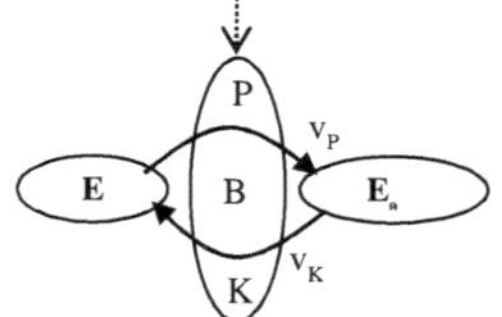

B - Enzym, dass de-/ und phosphoryliert

Grafik 11: Reversible Phosphorylierung durch ein Enzym B.

---

[20] Wie bei dem ersten Schritt der Zweikomponentensysteme. Dazu unter C.

[21] LaPorte et al. 1985.

[22] LaPorte et al. 1985.

[23] LaPorte et al. 1985.

[24] Siehe IV. LaPorte et al. 1982.

Aus (2) wird durch Ersetzen von P und K:

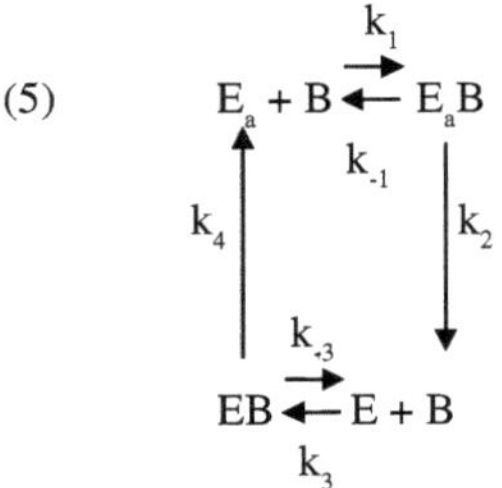

(5)

P und K sind in gleicher Anzahl vorhanden. Daraus folgt P = K und somit in (4):

$$E_a = \frac{k_P}{k_K + k_P} E_T$$

Der Störfaktor K/P wird somit durch den Einsatz eines bifunktionalen Enzyms eliminiert.

2. Unabhängigkeit von E_T durch Autokatalyse

Ein einfacher Mechanismus für Invarianz von E_a könnte die lokale Rückkopplung durch Autokatalyse sein. Dabei fördert ein Protein seine eigene Herstellung durch Rückkopplung (Grafik 12). In dem Fall fällt es auf beiden Seiten der Differentialgleichung im Fließgleichgewicht raus.

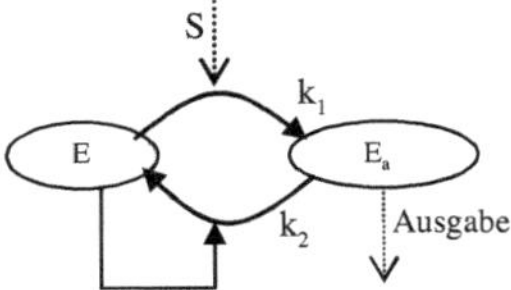

Grafik 12: Reversible Phosphorylierung mit Rückkopplung

Die Differentialgleichung für Grafik 12 ist:

$$\frac{dE_a}{dt} = k_1 \cdot S \cdot E - k_2 \cdot E_a \cdot E$$

Im Fließgleichgewicht gilt:

$$k_1 \cdot S \cdot E = k_2 \cdot E_a \cdot E$$

$E_T - E_a = E$ fällt auf beiden Seiten raus:

$$k_1 \cdot S = k_2 \cdot E_a$$

$$E_a = \frac{k_1}{k_2} \cdot S$$

E_a hängt nicht mehr von E_T, sondern nur von S ab. Diese Art von Invarianz würde in mehrkomponentigen Systemen nur zu einer Invarianz des reversibel phosphorylierten Proteins führen. Auf die Konzentrationen der anderen Komponenten hätte es dagegen keinen Einfluss.

3. Unabhängigkeit von E_T durch einseitige Sättigung

Als Mechanismus zur Erhaltung einer konstanten Proteinmenge kommt die Sättigung eines an der reversiblen Phosphorylierung beteiligten Enzyms in Betracht[25]. Durch eine "Reaktion am Limit" könnte immer dieselbe Menge an aktivem Protein zur Verfügung gestellt werden (Grafik 13). Die Folge wäre eine Unabhängigkeit von der Gesamtkonzentration des Proteins.

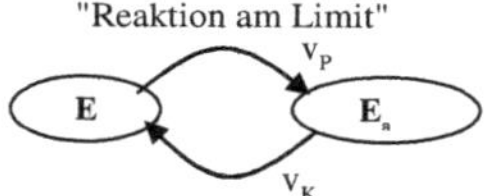

Grafik 13: Sättigung der reversiblen Dephosphorylierung.

Eine "Reaktion am Limit" wird bei der Dephosphorylierung durch einen Sättigungsmechanismus erreicht. Für das Modell des Sättigungsmechanismus gibt es zwei Ansichten. LaPorte et al.[26] haben mit Hilfe der Michaelis-Menten-Kinetik ein heuristisches Modell entwickelt, während Shinar et al. durch Aufschlüsselung der Michaelis-Menten-Kinetik in Massenwirkungskinetik ein mechanistisches Modell bevorzugen[27].

a. Heuristisches Modell mit Michaelis-Menten-Kinetik

E liegt in hoher Konzentration vor. Es gilt in (3): $E \gg K_m^P$, wodurch für v_P folgt:

$$v_P = k_p \cdot P$$

Die Dephosphorylierung ist somit eine „Reaktion nullter Ordnung". Sie hängt nicht mehr vom Substrat ab. Veranschaulichen lässt sich das in Grafik 13. V_P bewegt sich dort im konstanten Bereich und

---

[25] LaPorte et al. 1985.

[26] LaPorte et al. 1985.

[27] Shinar et al. 2009.

ist von E mehr oder weniger unabhängig. Im Ergebnis bedeutet dies, dass die Aktivierung (bei einer bestimmten Mindestkonzentration) immer mit der gleichen Geschwindigkeit erfolgt, egal wie viel von E bzw. E_T vorhanden ist. Weil v_P konstant ist, wird im Fließgleichgewicht E_a somit robust gegenüber Schwankungen von E_T[28].

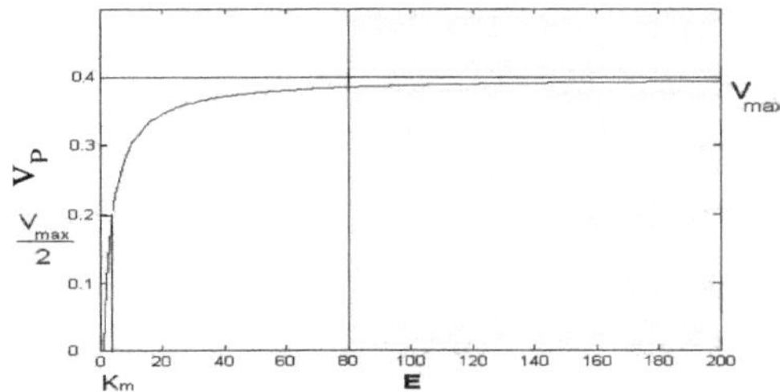

Grafik 14: v_P in Abhängigkeit von E mit $K_m^P << E$.

Die Deaktivierung ist hingegen eine „Reaktion erster Ordnung". Es gilt für v_K in (3) $E_a << K_m^K$:

$$v_K = \frac{k_K \cdot K \cdot E_a}{K_m^K}$$

In diesem Fall bewegt sich v_K im stark variierenden Bereich der Kurve (Grafik 14). Es besteht somit eine starke Abhängigkeit vom Substrat.

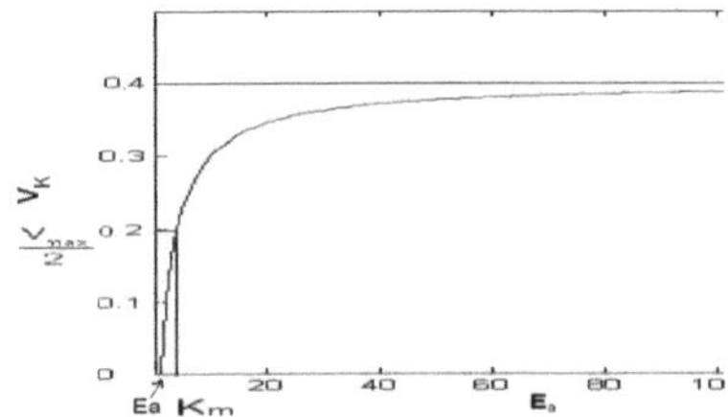

Grafik 15: v_K als Funktion von E_a mit $K_m^K >> E_a$.

Zusammenfassend ergibt sich unter Zuhilfenahme der Näherungen für das System:

$$\frac{dE}{dt} = \frac{k_K \cdot K \cdot E_a}{K_m^K} - k_p \cdot P$$

E ist nach kurzer Zeit im Fließgleichgewicht:

$$\overline{E}_a = \frac{k_p \cdot P}{k_K \cdot K} \cdot K_m^K$$

---

[28] LaPorte et al. 1985.

Setzt man $P = K$, zeigt E_a sich im Fließgleichgewicht von E_T unabhängig:

$$\overline{E}_a = \frac{k_P}{k_K} \cdot K_m{}^K$$

Das aktive Enzym ist nur noch von kinetischen Parametern und nicht mehr von den Konzentrationen der beteiligten Komponenten abhängig. Dadurch entzieht es sich deren Schwankungen und bleibt konstant[29]. Eine präzise Einstellung ist dadurch möglich.

b. Problematik der Anwendung von Michaelis-Menten-Kinetik

Dem Michaelis-Menten-Modell liegt zugrunde, dass das bifunktionale Enzym B nur eine Bindungsstelle für E_a und für E besitzt[30]. Damit müsste der Wettbewerb beider Substrate um die Bindungsstelle beachtet werden. Die Michaelis-Menten-Kinetik gilt jedoch nicht unter solchen Bedingungen, da es sich um eine Sättigungskinetik handelt, bei der die Sättigung allein durch das Verhältnis Enzym zu Substrat und nicht durch den Wettbewerb von zwei Substraten untereinander eintritt[31].

Shinar et al. haben diese Problematik verdeutlicht, indem sie anstelle der nur angenäherten Michaelis-Menten-Kinetik[32] Massenwirkungskinetik in (5) anwenden[33]:

$$(6) \quad [\dot{E}_a] = k_{-1}[BE_a] + k_4[BE] - k_1[B][E_a]$$

$$[\dot{E}] = k_{-3}[BE] + k_2[BE_a] - k_3[B][E]$$

$$[\dot{B}] = (k_{-1} + k_2)[BE_a] + (k_{-3} + k_4)[BE] - k_1[B][E_a] - k_3[B][E]$$

$$[B\dot{E}_a] = k_1[B][E_a] - (k_{-1} + k_2)[BE_a]$$

$$[B\dot{E}] = k_3[B][E] - (k_{-3} + k_4)[BE]$$

Es gelten:

$$(7) \quad [B]_T = [B] + [BE_a] + [BE] \qquad [E]_T = [E_a] + [E] + [BE_a] + [BE]$$

Mit der zweiten und fünften Gleichung von (7) findet man:

$$(8) \quad \frac{d}{dt}([E] + [BE]) = k_2[BE_a] - k_4[BE]$$

---

[29] LaPorte et al. 1985.

[30] Walsh et al. 1985, S. 8432-8433.

[31] Shinar et al. 2009.

[32] Die Näherung ist, dass $[E_aB]$ bzw. $[EB]$ sich im Vergleich zu $[E]$ und $[E_a]$ langsam ändern und daher $[E_aB]$ bzw. $[EB]$ im "Quasifließgleichgewicht" ist.

[33] Shinar et al. 2009.

Betrachtet man die letzten beiden Gleichungen von (6) zusammen mit (8) im Fließgleichgewicht, erhält man das Verhältnis von aktivem und inaktivem Enzym:

$$(9) \quad [E] = a[E_a] \quad \text{mit} \quad a = \frac{k_1 k_2 k_{-3} + k_4}{k_3 k_4 k_{-1} + k_2}$$

Man erkennt, dass zwar nicht E_a, aber zumindest das Verhältnis $\frac{E}{E_a}$ konstant ist.

Mit der physiologisch relevanten Bedingung $[E]_T \gg [B]_T$ in (7), die nicht mit der Bedingung des Quasifließgleichgewichts übereinstimmt, findet man:

$$(10) \quad [E_T] = [E_a] + [E]$$

Eingesetzt in (12) ergibt:

$$[E_a] \approx \frac{1}{1+a}[E]_T$$

E_a hängt demnach linear von $[E]_T$ ab. Das Enzym kann aus diesem Grund rein rechnerisch nicht über nur eine Bindungsstelle verfügen und gleichzeitig zu einer Invarianz von E_a führen.

c. Anwendung von Massenwirkungskinetik bei zwei Bindungsstellen

Die Annahme von nur einer Bindungsstelle für E_a und E ist ohnehin abzulehnen. Dafür sprechen bereits die experimentellen Daten. Es wurde nachgewiesen, dass bei E.coli-Mutanten die Kinase aktiv bleibt, während die Phosphataseaktivität stark reduziert ist[34]. Das Enzym muss demzufolge zwei unabhängige Bindungsstellen besitzen[35]. Bei gleichzeitiger Bindung von E_a und E bilden sich somit Dreierkomplexe.

aa. Kinaseaktivität des Dreierkomplexes und geordnete Bindung

Wenn man annimmt, dass das Enzym zwei Bindungsstellen hat, wobei nur der Dreierkomplex BEE_a Kinaseaktivität hat und eine geordnete Bindung erfolgt, ist (5) zu ergänzen durch[36]:

$$E_a + BE \underset{k_{-5}}{\overset{k_5}{\rightleftarrows}} BEE_a \overset{k_6}{\longrightarrow} BE + E$$

---

[34] Miller et al. 1996.

[35] Shinar et al. 2009.

[36] Shinar et al. 2009.

Die zugehörigen Differentialgleichungen des gesamten Systems sind:

$$(11) \qquad [\dot{E}_a] = k_{-1}[BE_a] + k_4[BE] - k_1[B][E_a] + k_{-5}[BEE_a] - k_5[BE][E_a]$$

$$[\dot{E}] = k_{-3}[BE] + k_2[BE_a] - k_3[B][E] + k_6[BEE_a]$$

$$[\dot{B}] = (k_{-1} + k_2)[BE_a] + (k_{-3} + k_4)[BE] - k_1[B][E_a] - k_3[B][E]$$

$$[\dot{BE}_a] = k_1[B][E_a] - (k_{-1} + k_2)[BE_a]$$

$$[\dot{BE}] = k_3[B][E] - (k_{-3} + k_4)[BE] - k_5[BE][E_a] + (k_{-5} + k_6)[BEE_a]$$

$$[\dot{BEE}_a] = k_5[BE][E_a] - (k_{-5} + k_6)[BEE_a]$$

Die Summation der Gleichungen macht die Erhaltung von E_T und B_T deutlich:

$$(12) \qquad [E]_T = [E_a] + [E] + [BE_a] + [BE] + 2[BEE_a]$$

$$[B]_T = [B] + [BE_a] + [BE] + [BEE_a]$$

Durch Summierung der zweiten, fünften und sechsten Gleichung von (11) findet man:

$$\frac{d}{dt}([E] + [BE] + [BEE_a]) = k_2[BE_a] + k_6[BEE_a] - k_4[BE]$$

Im Fließgleichgewicht ergibt sich ein Gleichgewicht von Phosphorylierungs- und Dephosphorylierungsraten:

$$(13) \qquad k_2[BE_a] + k_6[BEE_a] = k_4[BE]$$

Die letzten drei Gleichungen von (12) im Fließgleichgewicht lauten umgestellt:

$$(14) \qquad [BE_a] = \frac{k_1}{k_{-1} + k_2}[B][E_a]$$

$$[BE] = \frac{k_3}{k_{-3} + k_4}[B][E]$$

$$[BEE_a] = \frac{k_3}{k_{-3} + k_4}\frac{k_5}{k_{-5} + k_6}[B][E][E_a]$$

Mit der Annahme $E_T \gg B_T$ wird (12) zu (10).

Fügt man die Gleichungen von (14) in (13) mit Hilfe von (10) ein, erhält man:

$$[E_a]^2 - ([E]_T + b)[E_a] + c[E]_T = 0 \qquad \text{mit}$$

$$(15) \qquad b = \frac{k_4}{k_6}\frac{k_{-5}+k_6}{k_5} + \frac{k_2}{k_6}\frac{k_1}{k_{-1} + k_2}\frac{k_{-3} + k_4}{k_3}\frac{k_{-5} + k_6}{k_5} \qquad \text{und} \qquad c = \frac{k_4}{k_6}\frac{k_{-5}+k_6}{k_5}$$

Da $[E]_T \geq [E_a]$ gilt, ist die Lösung der Gleichung:

$$(16) \qquad [E_a] = \frac{[E]_T + b}{2} \left(1 - \sqrt{1 - \frac{4c[E]_T}{([E]_T + b)^2}} \right)$$

Da $[B]_T$ nicht in der Gleichung auftaucht, ist erkennbar, dass $[E_a]$ insensitiv gegenüber Veränderungen von $[B]_T$ ist. Jedoch hängt es nach wie vor von $[E]_T$ ab. Invarianz entsteht hingegen unter der Annahme, dass $[E]_T \gg b$ ist. Aus der Analyse von (15) ergibt sich $b \gg c$ und damit $[E]_T \gg c$. Nun kann man in (16) b vernachlässigen und erhält durch Taylorentwicklung der resultierenden Gleichung mit dem kleinen Parameter $c/[E]_T$:

$$[E_a] = c \, (1 + c/[E]_T + ...)$$

Es zeigt sich, dass für große Werte von $[E]_T$ verglichen zu b und c, $[E_a]$ in hohem Maße invariant gegenüber Veränderungen von $[E]_T$ ist. Die Zelle kann $[E_a]$ demzufolge, ohne von dem schwankenden $[E]_T$ abhängig zu sein, nach Belieben einstellen.

bb. Kinase- und Phosphataseaktivität sowie ungeordnete Bindung

Verzichtet man auf die Einschränkungen, dass nur der Dreierkomplex BEE_a Kinaseaktivität hat und eine geordnete Bindung erfolgt, ist (5) zu ergänzen durch:

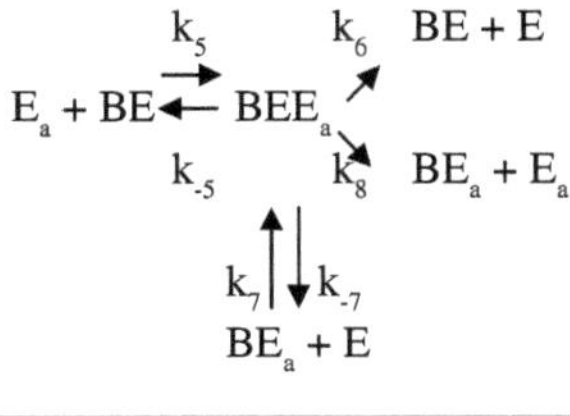

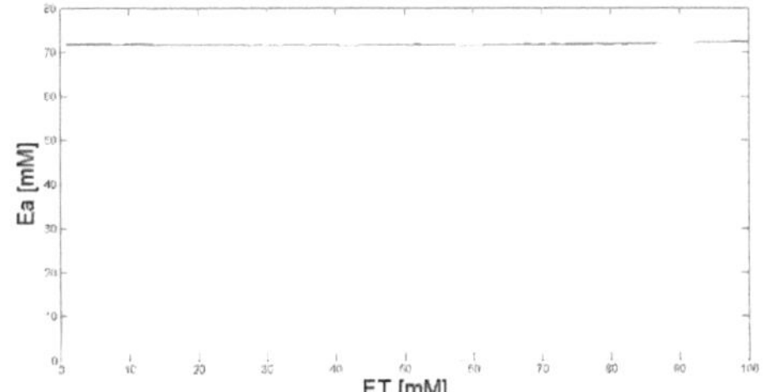

Grafik 16: E_a in Abhängigkeit von E_T bei zwei Bindungsstellen.

Es zeigt sich in Grafik 16 [37] eine Konstanz von E_a auch ohne die Annahme einer ausschließlichen Kinaseaktivität von BEE_a und einer geordneten Bindung, wenn lediglich $k_6 > k_8$, d.h. wenn die Kinaseaktivität überwiegt. Bei $k_6 < k_8$ ergibt sich hingegen eine Konstanz von E.

IV. Kompensatorische Phosphorylierung in *E.coli* und Cyanobakterien

Es ist bekannt, dass die Glyoxylatabzweigung vom Zitronensäurezyklus in *E.coli* durch Kompensatorische Phosphorylierung geregelt wird[38]. Im Folgenden wird untersucht, ob dies auch für Cyanobakterien gilt und ob weitere Kompensatorische Phosphorylierungen in *E.coli* und Cyanobakterien auftreten.

1. Glyoxylatabzweigung in *E.coli*

Invarianz durch Sättigung tritt an der Glyoxylatabzweigung vom Zitronensäurezyklus in *E.coli* auf (Grafik 17). Dort wird Isocitrat aus dem Zitronensäurezyklus abgezweigt und in Glyoxylat bzw. Succinat umgewandelt. Der Fluss durch die Abzweigung besteht jedoch nur, wenn *E.coli* auf Acetat wächst und keine Glucose vorhanden ist. Dann benötigt *E.coli* die C_4-Verbindungen Malat und Oxalacetat aus dem Zitronensäurezyklus (anapleurotische Reaktionen), um selber Glucose daraus aufzubauen. Die Glucose wird beispielsweise für die Zuckerketten an den Zellwänden benötigt. Würde Isocitrat nicht abgezweigt werden und würden die C_4-Verbindungen den normalen Weg des Zitronensäurezyklus nehmen, dann würde unnötig Kohlenstoff in Form von CO_2 bei der Dehydrogenierung des Isocitrates verbraucht werden.

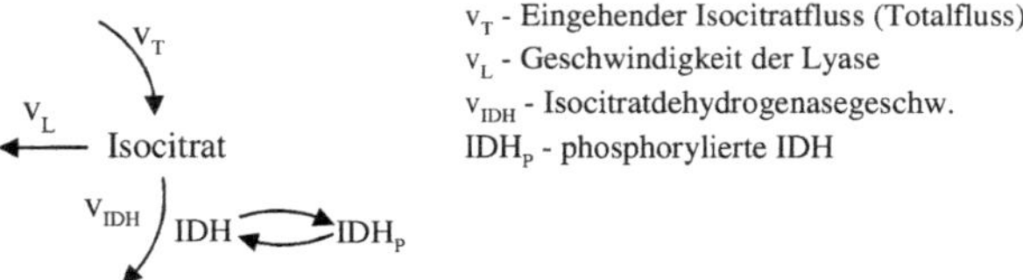

Grafik 17: Kompensatorische Phosphorylierung der Isocitratdehydrogenase bei *E.coli*.

Sobald *E.coli* auf Glucose wächst und daraus seine zelleigenen Kohlenstoffe gewinnen kann, wird die Glyoxylatabzweigung nicht mehr gebraucht und abgeschaltet. Der Mechanismus dafür beruht auf einer Regulierung der Isocitratdehydrogenaserate (v_{IDH} in Grafik 17) und der Isocitratproduktionsrate (v_T in Grafik 17).

---

[37] Anhang zu Grafik 16.

[38] LaPorte et al. 1985.

Die Regulierung der Isocitratdehydrogenase, IDH, erfolgt dabei durch Kompensatorische Phosphory-lierung. Zu Beginn des Abschaltungsprozesses wird die Konzentration der IDH auf ein Signal hin abrupt erhöht (Ultrasensitivität bei niedrigem K_m). Mit der stark zunehmenden v_{IDH}^{max} nimmt v_L ab (Grafik 18)[39]. V_{IDH} hingegen nimmt in umgekehrter Manier zu.

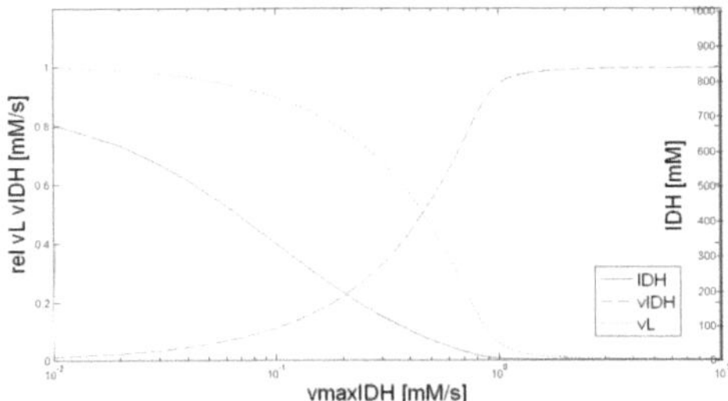

Grafik 18: Isocitrat, relative v_{IDH} und v_L in Abhängigkeit von v_{IDH}^{max}.

Die unterschiedliche Sensitivität von IDH und der Lyase hat seine Ursache in den jeweiligen Michaelis-Menten-Konstanten. Es gilt $K_{IDH} \gg K_L$. Die IDH-Reaktion arbeitet somit im Sättigungsbereich (Reaktion nullter Ordnung), während die Lyasereaktion vom Substrat abhängt ($\uparrow$ in Grafik 19)[40]:

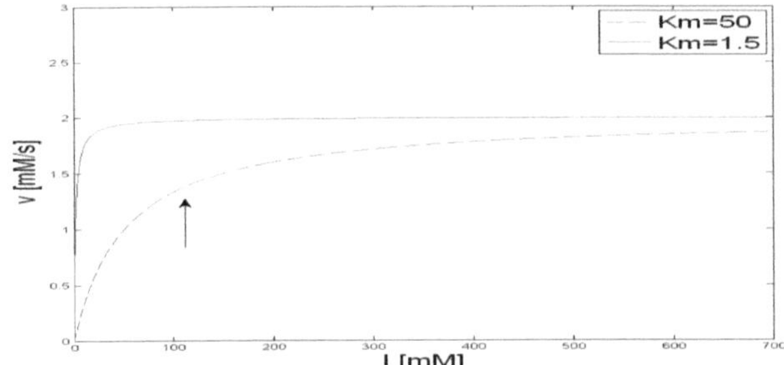

Grafik 17: Michaelis-Menten-Kinetiken bei unterschiedlichen K_m-Werten

Die Isocitratkonzentration fällt schnell unter den K_L-Wert, wodurch der Fluss durch die Lyase dramatisch abnimmt, während sie für die Isocitratdehydrogenierung noch ausreichend ist.

Die Abschaltung erfolgt somit indirekt durch Erhöhung von v_{IDH} (Verzweigungs- bzw. „branch point"-Effekt)[41]. Sobald zusätzlich noch v_T erhöht wird, verstärkt sich der Verzweigungseffekt.

---

[39] Anhang zu Grafik 18.

[40] Anhang zu Grafik 19.

[41] Walsh et al. 1985, S. 8432-8433.

Dass die Abzweigung durch IDHKP reguliert wird, erkennt man daran, dass die Gene für IDHKP und für die Lyase sich auf demselben Operon befinden und zusammen exprimiert werden[42]. IDHKP braucht man nämlich nur, wenn die Lyase vorhanden ist.

2. Glyoxylatabzweigung in Cyanobakterien

Lediglich fakultativ heterotroph wachsende Cyanobakterien können auf Glucose wachsen. Manche Cyanobakterien nutzen hingegen Acetat als Kohlenstoffquelle. *Anabaena variabilis* und *Anacystis nidulans*[43], *Synechococcus* und *Aphanocapsa*[44], bauen Kohlenstoff aus Acetat bei Licht in Aminosäuren und Lipide ein. Es stellt sich daher die Frage, ob die Glyoxylatabzweigung, die zwischen Wachstum auf Glucose und Acetat hin- und herschaltet, auch in Cyanobakterien vorkommt.

Es hat sich jedoch bislang nur gezeigt, dass in *Anabaena variabilis* die Enzyme der Glyoxylatabzweigung existieren. Ihre Aktivität wird aber nicht durch die An- oder Abwesenheit von Acetat beeinflusst[45]. In *Synechocystis PCC 6803* wurde hingegen herausgefunden, dass durch Deaktivierung eines Gens 20 % weniger Metaboliten des Zitronensäurezyklus vorhanden sind[46]. Es spricht somit einiges dafür, dass die Glyoxylatabzweigung in Cyanobakterien nicht durch reversible Phosphorylierung sondern durch Gendeaktivierung gesteuert wird.

3. Pyruvatdehydrogenasekomplex in Cyanobakterien

Der Pyruvatdehydrogenasekomplex wird als Enzymkomplex an einer wichtigen Verzweigung im Stoffwechsel in Eukaryoten durch Phosphorylierung reguliert. Daher liegt es nahe, den Enzymkomplex in Cyanobakterien auf mögliche Phosphorylierungen hin zu untersuchen. Zu diesem Zweck wurde die Aminosäuresequenz RYRGSEY mit dem phosphorylierten Serinrest S des bekanntermaßen in Cyanobakterien phosphorylierten[47] Proteins PII in Uniprot[48] in Proteinen von Cyanobakterien gesucht.

---

[42] LaPorte et al. 1985, S. 10567.

[43] Pearce et al. 1967.

[44] Ihlenfeldt et al. 1977.

[45] Pearce et al. 1967.

[46] Zhang et al. 2008.

[47] Forchhammer et al. 1995, S. 5816.

[48] http://www.uniprot.org

Es wurde eine teilweise Übereinstimmung der Sequenz in E1 des Pyruvatdehydrogenasekomplexes von *Anabaena variabilis* gefunden:

```
1  MVQERTIPKFNTANAKITKEEGLLLYEDMTLGRFFEDKCAEMYYRGKMFG        50
                                     .||| ..:
1                                    RYRGSEY        7
```

Allerdings ist Serin in dem Enzym nicht vorhanden, so dass von keiner Phosphorylierung des Enzyms auszugehen ist. In *E.coli* erfolgt ebenfalls keine Phosphorylierung[49]. Dadurch unterscheiden sich diese Bakterien von Eukaryoten, wo der Pyruvatdehydrogenasekomplex durch Phosphorylierung geregelt wird[50].

In anderen Bakterien sind weitere Methoden zur Regulierung der Pyruvatdehydrogenase bekannt. So wird in *Serratia Marculescens* die Verzweigung durch Gendeaktivierung über Pirin gesteuert[51]. Die Regelung durch kleine, ungefaltete Proteine wie Pirin ist auch in Cyanobakterien verbreitet. Entsprechend wird die Glutaminsynthetase in *Synechocystis sp. PCC 6803* durch solche Proteine aktiviert[52]. Dort wird nach Ammoniumzugabe die Ablesung der beiden Gene, mittels derer die Proteine für die Deaktivierung der Glutaminsynthetase synthetisiert werden, unterdrückt. Nach der Entfernung von Ammonium werden die beiden Proteine innerhalb von zwanzig Minuten proteolytisch abgebaut. Diese Methode ist demnach in den älteren Cyanobakterien neben der Phosphorylierung ein alternatives Mittel zur kurzzeitigen Regulierung.

Eine Sequenzsuche des Pirins aus *Serratia Marculescens* in Cyanobakterien durch Blasten mit einer Blosum62-Matrix ergab bei UniProt[53] für *Synechococcus sp. PCC 7335* ein Protein mit einer Ähnlichkeit von 37 % und einem Score von 189 [54] und bei *Anabaena variabilis* (strain ATCC 29413 / PCC 7937) ein Protein mit einer Ähnlichkeit von ebenfalls 37 % und einem Score von 173.

Die Wahrscheinlichkeit, dass diese Proteine dieselbe Funktion in Cyanobakterien wahrnehmen ist daher eher gering. Es ist in dem Zusammenhang lediglich bekannt, dass in Cyanobakterien ein Pirinortholog bei der Adaptation an Salzstress ausgeschüttet wird[55]. Die genaue Funktion ist aber bisher nicht bekannt.

---

[49] Shen et al. 1970.

[50] Kolobova et al. 2001.

[51] Soo et al. 2007.

[52] Galmozzi et al. 2007.

[53] http://services.uniprot.org/blast/blast-20090902-2004029889.

[54] Ein Maß für die Ähnlickeit zweier Sequenzen.

[55] Hihara et. al 2004.

C. Zweikomponentensysteme

Phosphorylierungen kommen nicht nur bei der einfachen Aktivierung eines Proteins, sondern auch in Zweikomponentensystemen vor und verhindern auch dort Schwankungen der beteiligten Komponenten. Das klassische Zweikomponentensystem besteht aus einer oft membrangebundenen Sensorkinase und dem "Response"-Regulator. Die Sensorkinase phosphoryliert sich auf einen Stimulus hin an einem Histidinrest unter ATP-Verbrauch und überträgt sodann die Phosphorylgruppe auf einen Aspartatrest des Regulators, wodurch dieser transkriptorisch aktiv wird (Grafik 18). Der phosphorylierte Regulator wird am Ende entweder durch eine spontane Autophosphataseaktivität oder durch die regulierte Phosphataseaktivität der Sensorkinase mit ATP als Cofaktor dephosphoryliert.

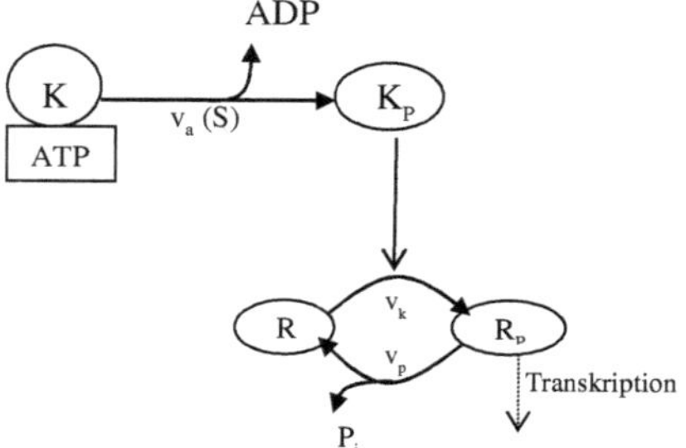

Grafik 18: Zweikomponentensystem bestehend aus der Sensorkinase K und dem Regulator R.

Die Phosphorylierung des Regulators folgt bei bestimmten Parametereinstellungen dem Prinzip des Goldbeter-Koshland-Schalters. Die Registrierung eines Botenstoffes durch die Sensorkinase gleicht demnach dem Umlegen des Schalters von "Nein" auf "Ja" bzw. von 0 auf 1. Der nun aktivierte Regulator veranlasst die Ablesung von Genen, wodurch z.B. Proteine zur Abwehr der registrierten Stoffe gebildet werden können.

I. Mechanismus der Invarianz

Für Invarianz in Zweikomponentensystemen ist es nötig, dass die Sensorkinase mit ATP als Cofaktor die Dephosphorylierung des Regulators betreibt (Grafik 19) [56]. In dem Fall ist die Ausgabe R_p von den Konzentrationen der Komponenten unabhängig.

---

[56] Shinar et al. 2007.

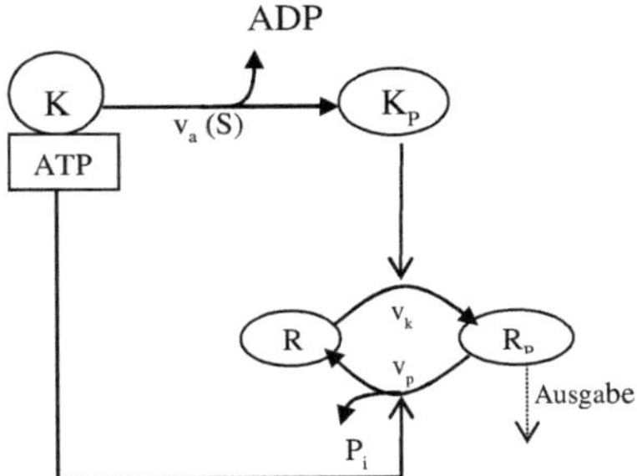

Grafik 19: Die Sensorkinase katalysiert die Dephosphorylierung des Regulators.

Die Massenwirkungskinetik für das System in Grafik 19 ist mit A^3=ATP und A^2=ADP:

$$K + A^3 \rightleftharpoons KA^3 \xrightarrow{v_a(S)} K_P + A^2 \qquad \text{(Autophosphorylation)}$$

$$K_P + R \rightleftharpoons K_PR \xrightarrow{v_k} K + R_P \qquad \text{(Phosphotransfer)}$$

$$KA^3 + R_P \underset{k_-}{\overset{k_+}{\rightleftharpoons}} KA^3R_P \xrightarrow{v_p} KA^3 + R + P_i \qquad \text{(Dephosphorylierung)}$$

Es ist das Eingabe-/Ausgabeverhältnis zu berechnen, welches man erhält, wenn man das System als eine Art Box betrachtet, die ATP verbraucht und P_i ausgibt[57].

Die Eingabe von Phosphorylgruppen in das System aus der ATP-Reserve der Zelle entspricht der Autophosphorylierungsrate:

(17) $J_i = v_a(S) \, [K \, ATP]$

Die Ausgabe der Phosphorylgruppen korreliert mit der Dephosphorylierungsrate:

(18) $J_o = v_p \, [KA^3R_P]$

Die zeitliche Veränderung des Komplexes $[KA^3R_P]$ ist zu berechnen:

$$\frac{d}{dt}[KA^3R_P] = k_+ [KA^3]R_P - (k_- + v_p)\,[KA^3R_P]$$

---

[57] Shinar et al. 2007, S. 19933.

Daraus folgt, dass im Fließgleichgewicht die Konzentration des Komplexes proportional zu dem Produkt der Konzentrationen der einzelnen Komponenten ist:

$$[KA^3R_P] = \frac{k_+}{k_- + v_P} [KA^3] \, R_P$$

Dies in (18) ergibt:

$$J_o = v_P \frac{k_+}{k_- + v_P} [KA^3] \, R_P$$

Wenn man im Fließgleichgewicht von $J_i = J_o$ ausgeht, findet man mit (17):

$$v_a(S) \, [KA^3] = v_P \frac{k_+}{k_- + v_P} [KA^3] \, R_P$$

Nach Ausmultiplikation der Komponentenkonzentrationen und Umstellung erhält man:

$$R_P = \frac{k_- + v_P}{k_+} \frac{v_a(S)}{v_P}$$

Es lässt sich schlussfolgern, dass R_P nicht von der Konzentration einer der Komponenten abhängt, demgemäß auch nicht von ATP. Die Ausgabe hängt lediglich von kinetischen Parametern und von dem Signal S ab.

II. Vorkommen in *E.coli* und in Cyanobakterien

In *E.coli* wurde mit dem EnvZ/OmpR-System ein System mit einer katalytischen Rückkopplung nachgewiesen[58]. EnvZ ist dabei die Sensorkinase, die sich bei Änderung des osmotischen Drucks an Histidin-243 phosphoryliert und die Phosphorylgruppe an Aspartat-55 des Response-Regulators OmpR überträgt. Das dadurch aktivierte OmpR-Protein reguliert als Transkriptionsfaktor die Expression der Gene für die Porenproteine OmpF und OmpC. EnvZ fungiert als Phosphatase in seiner A-Domäne[59]. Dies ist die zentrale 67 Aminosäuren große Domäne im Sequenzbereich 223-288[60].
Das EnvZ/OmpR-System gibt es in Cyanobakterien nicht. Das so genannte Hik/Rre System von *Synechocystis sp. PCC6803* ist aber mit einem zweiten System für hyperosmotischen Stress in *E.coli*, dem KdpD/KdpE-System verwandt[61]. KdpE ist zu 30 % identisch mit OmpR und ist auch eine Sensorkinase. Das KdpD/KdpE-System ist wiederrum streng homolog zu Hik20 und Rre19[62]. Daraus

---

[58] Zhu et al. 2000.

[59] Zhu et al. 2000, S. 7811.

[60] Zhu et al. 2000, S. 7811.

[61] Paithoonrangsarid et al. 2004.

[62] Paithoonrangsarid et al. 2004.

lässt sich möglicherweise schließen, dass die Hik-Sensorkinase in *Synechocystis sp. PCC6803* auch für die Dephosphorylierung des Rre-Regulators verantwortlich ist.

Um weiteren Nachweis über Zweikomponentensysteme mit Phosphataseaktivität der Sensorkinase zu führen, wurde die Sequenz der A-Domäne von EnvZ von *E.coli* in Uniprot gesucht und mit Sequenzen von anderen Sensorkinasen aus Zweikomponentensystemen von nach KEGG[63] durch Alignierung mittels einer Blosum62-Matrix verglichen[64]. Dabei erhielt das Protein PhoR aus *Synechocystis sp. PCC6803* den höchsten Score von 74,5:

```
EMBOSS_001         1                                       AAGVKQLADD        10
                                                           .|.::|      .
EMBOSS_001       151 AAMEGWGNHRPLTPESILLRGSGFPLKEGKVAVFVENRQTLAALRQ---G      197

EMBOSS_001        11 RTLLMAGVSHDLRTPLTRIRLATEMMS----EQDGYLAESINKDIEECNA       56
                     |....:.::|:|||||||.:.|..|.:.     .:||..||.:.|:|.....
EMBOSS_001       198 RDQAFSDLAHELRTPLTAVALIAERLQARLPAEDGDWAERLLKEISRLQN      247
EMBOSS_001        57 IIEQFIDYLR                                              66
                     ::|.::...:
EMBOSS_001       248 LVESWLHLTQITANPNLYLEPEPINLRHLLAITWERLTPIAVVKNITLDY      297
```

PhoR reagiert bei Cyanobakterien auf Phosphatmangel. Der Score deutet auf Sequenzähnlichkeit hin. Dies ist vor allem im Bereich um den autophosphorylierten Histidinrest zu erkennen. Für die bei hoher Lichtbestrahlung aktivierte Sensorkinase NblS ergab sich ein Score von 62,5, wobei wieder der Bereich um den Histidinrest hohe Ähnlichkeit aufwies:

```
EMBOSS_001       401 ENLRGIVMTVQDITREVELNEAKSQFISNVSHELRTPLFNIKSFIETLSE      450
                          .....:|.:.:.::..::.|||:|||||..:|:...|.:||
EMBOSS_001         1           AAGVKQLADDRTLLMAGVSHDLRTPLTRIRLATEMMSE       38
```

Gleiches gilt für PleC, das einen Score von 50 erreicht:

```
EMBOSS_001       351 LVRAKEIAESEAKAKSTFVANMSHELRSPLNAIIGFSQLMLRTKNLPMEQ      400
                          ....|::|:.     ::..:|.:||:||:||      :::.|.|:.:..:.
EMBOSS_001         1 AAGVKQLADD----RTLLMAGVSHDLRTPL------TRIRLATEMMSEQD       40
```

Und auch für SasA bei einem Score von 46,5:

```
EMBOSS_001       151 QIQFKDQILAMLAHDLRSPLTAASIAVDTLE-----LLQ--HKPIEEQKP      193
                     :|.::||||:|||...:|.:.:.         |.:  :|.|||..
EMBOSS_001        15 --------MAGVSHDLRTPLTRIRLATEMMSEQDGYLAESINKDIEECN-       55
```

Das Motiv HDLRTTPLT scheint demzufolge bei Sensorkinasen hochkonserviert zu sein. Es ist nach Ansicht von Zhu nicht nur für die Kinase-, sondern auch für die Phosphataseaktivität verantwortlich[65].

Im Ergebnis kann man daher feststellen, dass einige Zweikomponentensysteme in Cyanobakterien nach dem in Grafik 19 illustrierten Prinzip funktionieren und somit ihre Ausgabe von den Komponentenkonzentrationen unabhängig halten können.

---

[63] http://www.kegg.com/dbget-bin/get_pathway?org_name=syn&mapno=02020.

[64] http://www.ebi.ac.uk/Tools/emboss/align/.

[65] Zhu et al. 2000, S. 7811.

D. Multiple Phosphorylierung in zweikomponentigen Systemen

I. Multiple Phosphorylierung

Bei der multiplen Phosphorylierung wird ein Protein an mehreren Stellen phosphoryliert (Grafik 20). Es gibt zwei Möglichkeiten der Aktivierung. Entweder erreicht das Protein erst bei einem bestimmten Phosphorylierungsgrad den aktiven Zustand oder es weist je nach Phosphorylierungsgrad eine andere Spezifität bzw. andere Reaktion auf.

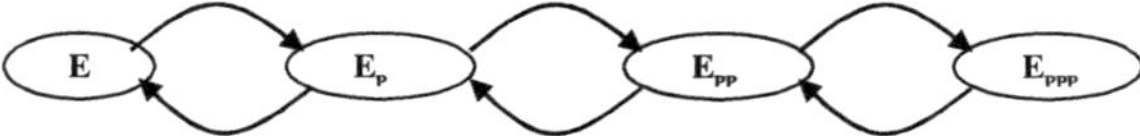

Grafik 20: Multiple Phosphorylierung

Der Vorteil dieses Mechanismus gegenüber der einfachen reversiblen Phosphorylierung ist, dass es nicht nur nach dem "Alles-oder-Nichts"-Prinzip funktioniert, sondern dass auch abgestufte Zustände möglich sind. So ist es möglich, Signale schon bei geringer Signalstärke zu registrieren ohne bestimmte Konsequenzen daraus zu ziehen. Erst ab einem bestimmten Schwellwert würde ein Mechanismus zur Verarbeitung und Reaktion auf das Signal in Gang gesetzt werden.

Dieses Prinzip ist nicht zu verwechseln mit dem MAP-Kinase-Wege, bei dem sich drei Kinasen in einer Signaltransduktionskette hintereinander phosphorylieren[66]. Denn dort werden unterschiedliche Proteine phosphoryliert, während hier ein und dasselbe phosphoryliert wird. Zu finden ist die multiple Phosphorylierung zum Beispiel bei der tagesrhythmischen Uhr von Bakterien[67].

II. Regulation der Glutaminsynthetase über PII in *E.coli*

Die Glutaminsynthetase wird in *E.coli* durch multiple Abstufungen geregelt und weist robuste Komponentenkonzentrationen auf[68]. Sie stellt auf dem sogenannten GOGAT-Weg aus Glutamat und Ammonium Glutamin her, welches für den Aufbau von körpereigenen Stickstoffverbindungen gebraucht wird. Die Aktivierung der Glutaminsynthetase erfolgt durch reversible Deadenylierung. Sie wird vermittelt durch das Signalprotein PII, welches auf den Stickstoff- und Kohlenstoffgehalt in der Zelle reagiert. In der aktiven Form ist PII uridylyliert. Die Uridylylierung findet im Beisein von ATP und α-Ketoglutarat statt, wobei die Konzentration an α-Ketoglutarat den Kohlenstoffgehalt der Zelle indiziert. Bei einem hohen Kohlenstoffgehalt wird PII aktiviert, wobei mehrfach ("multipel") α-Ketoglutarat gebunden werden kann. Je nach dem wie viel α-Ketoglutarat gebunden ist, wird die Ak-

---

[66] Cobb et al. 1999.

[67] Clodong et al. 2007.

[68] Mutilak et. al 2003.

tivierung der Glutaminsynthetase durch Deadenylierung unterschiedlich stark katalysiert. Umgekehrt liegt die deaktivierte Form des PII bei einem hohen Glutamingehalt vor. Es findet daher eine Rückkopplung mit dem Produkt statt. Das inaktive PII-Protein kann ebenfalls mehrfach α-Ketoglutarat binden. Jedoch katalysiert es nur bei der Bindung von einem α-Ketoglutarat-Molekül die Inaktivierung der Glutaminsynthetase (Grafik 21):

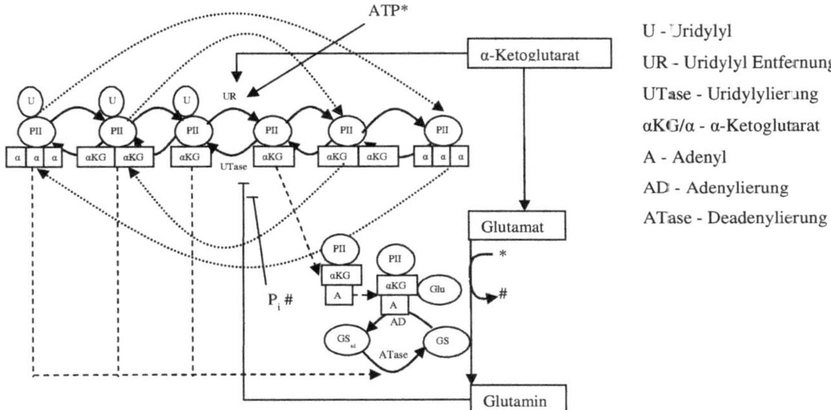

Grafik 21: Regulierung der Glutaminsynthetase (GS) in *E.coli*

Die vereinfachte Version des komplexen Mechanismus erinnert stark an die Aktivierung im Zweikomponentensystem (Grafik 22):

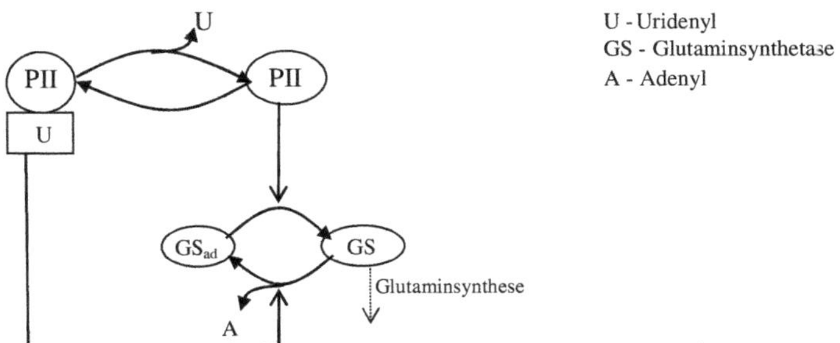

Grafik 22: Vereinfachtes Regulierungsschema der Glutaminsynthetase in *E.coli*

Wie auch bei den Zweikomponentensystemen wird ein Protein aktiviert, welches wiederrum ein anderes in der Folge aktiviert. Nur wird im Unterschied zu den Zweikomponentensystemen bei der Aktivierung von Glutaminsynthese keine Phophorylgruppe übertragen. Stattdessen verbindet sich PII mit ATP, α-Ketoglutarat und Glutamin um die Aktivierung herbeizuführen. Es kommt durch ATP, P_i, α-Ketoglutarat und Glutamin zu Rückkopplungen. Mutilak et al. haben diese komplizierte Dynamik in das System einbezogen, indem sie das Model auf einen monozyklischen Ausschnitt des Systems

(Grafik 23) verkleinert haben, in welchem alle Beziehungen der vollständigen Signalkaskade enthalten sind[69]:

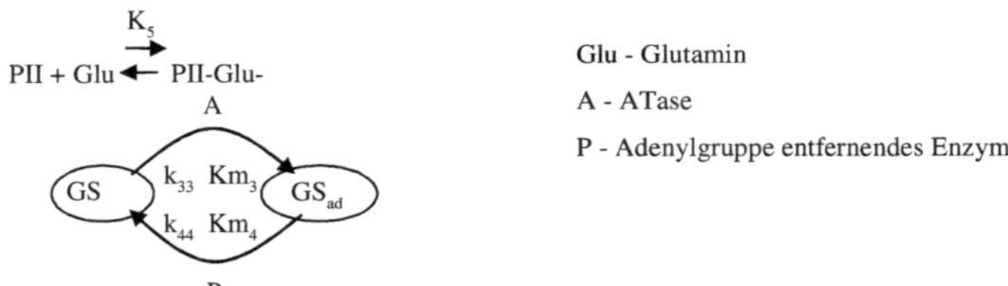

Grafik 26: Vereinfachtes Regulierungsschema der Glutaminsynthetase in *E.coli* nach Mutilak et al. 2003

Dabei sei anzunehmen, dass die interkonvertierenden Enzyme A und P miteinander entsprechend Grafik 24 über PII in Verbindung stehen.

Im Fließgleichgewicht sind die Modifizierungs- und die Demodifizierungsrate gleich:

$$k_{33} \cdot [\text{PIIGluA GS}] = k_{44}[\text{P GS}]$$

Mit der Komplexbildung $[\text{PIIGluA GS}] = \dfrac{\text{PIIGluA} \cdot \text{GS}}{Km_3}$ bzw. $[\text{P GS}] = \dfrac{\text{P} \cdot \text{GS}}{Km_4}$ folgt:

$$\frac{k_{33} \cdot \text{PIIGluA} \cdot \text{GS}}{Km_3} = \frac{k_{44} \cdot \text{P} \cdot \text{GS}_{ad}}{Km_4}$$

Wenn man PIIGluA mit der Dissoziationskonstanten K_5 vereinfacht durch:

$$\text{PIIGluA} = K_5 \cdot \text{A}$$

erhält man für die freie Glutaminkonzentration Glu:

$$(18) \qquad \text{Glu} = n_2 \cdot \frac{\text{GS}_{ad}}{\text{GS}} \cdot \frac{1}{\dfrac{\text{A}}{\text{P}}} \qquad \text{mit } n_2 = \frac{k_{44} \cdot Km_3 \cdot K_5}{k_{33} \cdot Km_4}$$

Wenn P_t und A_t unabhängig voneinander festgehalten werden, erkennt man, dass die Sensitivität von P_T, A_T und GS_T abhängt.

In dem Falle der Verbindung von A und P über den Effektor Glutamin findet man:

$$\frac{\text{A}}{\text{P}} = \frac{\text{Glu}}{n_1}$$

---

[69] Mutilak et. al 2003.

(18) verändert sich dadurch zu:

$$Glu^2 = n_1 \cdot n_2 \cdot \frac{GS_{ad}}{GS}$$

Glutamin hängt im Ergebnis also über das durch n_1 definierte Verhältnis von A/P bzw. GS_{ad}/GS und nicht von der Gesamtkonzentration der Komponenten (P_T, A_T, GS_T) ab.

III. Regulation von PII und der Glutaminsynthetase in Cyanobakterien

In Cyanobakterien erfolgt die posttranslationale Modifikation von PII nicht durch Uridylylierung, sondern durch multiple Phosphorylierung[70]. PII liegt je nach Stickstoff- und CO_2-Status unphosphoryliert, mit einer, zwei oder drei Phosphorylgruppen vor, wobei Stickstoffmangel die stärkste Phosphorylierung hervorruft. Bei Wachstum mit Ammonium oder bei CO_2-Mangel liegt PII unphosphoryliert vor, während beim Vorhandensein von Nitrat der Phosphorylierungsgrad parallel zur CO_2-Versorgung, dem α-Ketoglutaratgehalt, steigt[71]. PII sorgt somit für ein ausgewogenes Verhältnis von Stickstoff und Kohlenstoff, um ein ideales Wachstum der Cyanobakterien sicherzustellen[72].

Darüberhinaus reagiert PII in Cyanobakterien auch auf den Redoxstatus der Zelle[73]. Es wurde festgestellt, dass die Oxidation von Ferredoxin eine Dephosphorylierung verursacht und die Hinzugabe von Elektronen in die Elektronentransportkette zu einer Phosphorylierung führt. Da die Phosphatase des PII-Proteins (PphA) darauf jedoch nicht reagiert, ist davon auszugehen, dass der Redoxstatus nicht direkt, sondern nur indirekt über α-Ketoglutarat von PII sensiert wird[74].

Im Unterschied zu Enterobakterien hat PII in Cyanobakterien keinen direkten Einfluss auf die Aktivierung der Glutaminsynthetase[75]. Es wird vermutet, dass es in Cyanobakterien mit dem hochaffinen Bicarbonattransporter in Verbindung steht[76]. In *Synechococcus PCC 7942* ist es zudem an der durch Ammonium ausgelösten Repression der Nitrat- und Nitritaufnahme beteiligt[77]. Es steht dabei fest,

---

[70] Forchhammer et al. 1994.

[71] Forchhammer et al. 1994.

[72] Forchhammer et al. 1995.

[73] Hisbergues et al. 1999.

[74] Forchhammer 2004.

[75] García-Dominguez et al. 2000.

[76] Forchhammer 2004, S. 330.

[77] Lee et al. 1998.

dass es sowohl die Aktivität der Nitrit-/Nitratpermease als auch die der Nitratreduktase unterdrückt[78]. Auf welche Weise es mit der Reduktase oder dem ABC-Transporter der Permease reagiert, ist jedoch nicht bekannt. In *E.coli* wird die C-Domäne von NtrC, das dort allerdings eine andere Aufgabe erfüllt, zur Aktivierung dephosphoryliert[79]. Ein Sequenzvergleich mit dem NtrC von *Synechococcus PCC 7942* ergab jedoch nur einen Score von 20,5.

Möglicherweise besteht die Beeinflussung daher nicht in einer De-/phosphorylierung, sondern auf andere Art und Weise. Die aktive, phosphorylierte Form des PII muss bei der Repression der Nitrat-/Nitritaufnahme stets α-Ketoglutarat und ATP gebunden haben[80].

Auch hier ist ein "erweitertes Zweikomponentensystem" mit Invarianz der Komponenten denkbar:

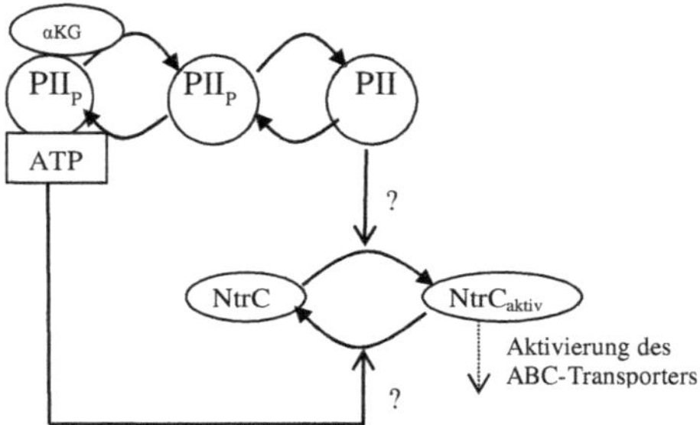

Grafik 24: Mögliche Regulierung der Nitrat-/Nitritaufnahme bei *Synechococcus PCC 7942*.

E. Zusammenfassung

Die Arbeit hat gezeigt, dass Phosphorylierungen nicht nur eine große Bedeutung in Signaltransduktionsketten in *E.coli*, sondern auch in Cyanobakterien zukommt (Grafik 25). Im Unterschied zu *E.coli* treten sie in Cyanobakterien weniger bei Stoffwechselvorgängen, als vielmehr bei kurz- und langfristigen Anpassungsprozessen an veränderte Umweltbedingungen auf. Die Phosphorylierung eines Enzyms wie in der Glyoxylatabzweigung bei *E.coli* ist in Cyanobakterien bisher noch nicht beobachtet worden, obwohl einige Kinasen und Phosphatasen aufgezeigt wurden. Deren physiologische Funktionen sind aber unklar[81].

Weiterhin wurden Beispiele für längerfristige Anpassung wie die Adaptation an veränderte Ammoniumverhältnisse durch das PII-Protein in Cyanobakterien aufgezeigt. Die verschiedenen Phosphorylie-

---

[78] Kobayashi et al. 1997.

[79] Merrick et al. 1995.

[80] Forchhammer 2004, S. 327.

[81] Zhang et al. 2005.

rungsmethoden wurden mit Massenwirkungskinetik und Michaelis-Menten-Kinetik modelliert, sowie deren Signalantwortverhalten verglichen. Es zeigte sich dabei, dass grundlegendes Prinzip bei sämtlichen Phosphorylierungen die Umschaltung von einem ausgeschalteten in einen eingeschalteten Zustand über Ultrasensitivität bei bestimmten Parametereinstellungen ist.

Signaltransduktionsweg	*E.coli*	Cyanobakterien
Glyoxylatabzweigung	Kompensatorische Phosphorylierung, Verzweigungseffekt	Keine Verzweigung bzw. Regulierung, da kein Wachstum auf Acetat
Pyruvatdehydrogenase	Keine Phosphorylierung	Keine Phosphorylierung, stattdessen vermutlich Modifikation durch kleine ungefaltete Proteine
Regulierung des osmotischen Drucks	Zweikomponentensystem EnvZ/OmpR, Robustheit	Zweikomponentensystem Hik/Rre, Robustheit
Phosphatregulierung	Zweikomponentensystem PhoB/PhoR, Robustheit	Zweikomponentensystem PhoR, Robustheit
Stickstoffregulierung	Zweikomponentensystem ähnlich: (multiple) Uridylylierung von PII, Adenylierung von Glutaminsynthetase, Robustheit	Zweikomponentensystem ähnlich: (multiple) Phosphorylierung von PII, Modifikation des ABC-Transporters, Robustheit

Grafik 25: Signaltransduktionswege in *E.coli* und in Cyanobakterien

Bei allen Regulierungsvorgängen wurde sichtbar, dass konstante Komponentenkonzentrationen eine wichtige Rolle für präzise Regelung von Stoffwechselvorgängen spielen. Verschiedene Mechanismen zur Eliminierung von Störfaktoren wurden vorgestellt und verglichen. Es wurde unter anderem gezeigt, dass bei der Kompensatorischen Phosphorylierung, Komponentenkonzentrationen durch Mechanismen wie Bifunktionalität und einseitige Sättigung konstant gehalten werden können. Dabei stellte sich heraus, dass bei der Sättigung nicht automatisch Michaelis-Menten-Kinetik anzuwenden ist, sondern dass unter Beachtung der Ausbildung von Dreierkomplexen Massenwirkungskinetik vorrangig anzuwenden ist.

Darüber hinaus wurde festgestellt, dass in Zweikomponentensystemen Invarianz der Komponentenkonzentrationen durch globale Rückkopplung erreicht wird. Ähnliche Rückkopplungsmuster fanden sich bei multiplen Phosphorylierungen am PII-Protein in *E.coli* und auch in Cyanobakterien, wenngleich deren Funktionen sich deutlich unterscheiden.

Außer Betrachtung wurden Mechanismen wie integrale Rückkopplungsschleifen gelassen, die bei der Chemotaxis oder dem Phosphotransferasesystem zu robusten Proteinnetzwerken beitragen.

Anhang zu Grafik 2:

Annahme: $E + E_a = 1$

```
function [dEdt] = Phospho (t,E);

% Parameter
kK=0.36; kP=6; P=6; K=5; Km=20; %Km=KmK=KmP

% Gleichungen
dEdt=kP*P*E-kK*K*(1-E);
dEdt=dEdt';
```

In der Kommandozeile:
```
E_0=0.1;
[t,Ea]=ode45('Phospho',[0 10],E_0);
plot(t,E);
```

Anhang zu Grafik 4:

```
function [dEdt] = Phospho (t,Ea);

% Parameter
kK=0.36; kP=6; Km=20; %Km=KmK=KmP
P=6; K=5;

% Gleichungen
dEdt=kP*P*(1-Ea)./(Km+(1-Ea))-kK*K*Ea./(Km+Ea);
dEdt=dEdt';
```

In der Kommandozeile:
```
Ea_0=0.1;
[t,Ea]=ode45('Phospho',[0 10],Ea_0);
plot(t,Ea);
```

Anhang zu Grafik 5:

```
kK=1; kP=1; K=1; Km=0.05; %Km=KmK=KmP
P=; %variiert mit 2,1.5,1,0.5,0.25

v1=kP*(1-E)*P./((1-E)+Km);
plot(E,v1)

v2=kK*E*K./(Km+E);
plot(E,v2)
```

Anhang zu Grafik 6:

```
kK=7; kP=0.6; Km=20; K=5;

for P=1:20
Ea1=@(Ea)kK*K*Km*Ea+kK*K*Ea-kK*Ea.^2+kP*P*Km*Ea-kP*P*Ea+kP*P*Ea.^2-kP*P*Km;
z=fzero(Ea1,1);
EaG(P)=z;
end
semilogx(1:20,EaG)
```

Anhang zu Grafik 8:

```
E=[0.001:0.005:0.999];
```

```matlab
Km=1;
S = ((Km+E).*(1-E)) ./ E.*(Km+1-E);
semilogx(S,E)

hold on
K=0.01;
S = E((Km+E).*(1-E)) ./ E.*(Km+1-E);
semilogx(S,E)
```

Anhang zu Grafik 9:

```matlab
kK=0.36; kP=6.0; Km=20; K=5; P=5;
EaT=[1:200];
Ea1=(Km*(-kK*K-kP*P)+sqrt((Km*(-kK*K-kP*P)+EaT*(kK*K-
kP*P)).^2+4*kP^2*P.^2*Km*EaT-4*kK*K*kP*P*Km*EaT))./(2*(kP*P-kK*K));
plot(EaT,Ea1)
```

Anhang zu Grafik 10:

```matlab
kK=1; kP=6.0; Km=10; K=5; P=5;

for ET=1:10
Ea1=@(Ea)(kP*P-kK*K)*Ea^2+(kK*K*Km+kP*P*Km+(kK*K-kP*P)*ET)*Ea-kP*P*Km*ET;
z=fzero(Ea1,0);
EaG(ET)=z;
end
plot([1:10],EaG)
```

Anhang zu Grafik 16:

Die Differentialgleichungen des Systems sind:

$$[\dot{E_a}] = k_{-1}[BE_a] + k_4[BE] - k_1[B][E_a] + (k_{-5} + k_8)[BEE_a] - k_5[BE][E_a]$$

$$[\dot{E}] = k_{-3}[BE] + k_2[BE_a] - k_3[B][E] + (k_6 + k_{-7})[BEE_a] - k_7[BE_a][E]$$

$$[\dot{B}] = (k_{-1} + k_2)[BE_a] + (k_{-3} + k_4)[BE] - k_1[B][E_a] - k_3[B][E]$$

$$[\dot{BE_a}] = k_1[B][E_a] - (k_{-1} + k_2)[BE_a] + (k_{-7} + k_8)[BEE_a] - k_7[BE_a][E]$$

$$[\dot{BE}] = k_3[B][E] - (k_{-3} + k_4)[BE] - k_5[BE][E_a] + (k_{-5} + k_6)[BEE_a]$$

$$[\dot{BEE_a}] = k_5[BE][E_a] - (k_{-5} + k_6 + k_{-7} + k_8)[BEE_a] + k_7[BE_a][E]$$

In Matlab ergibt sich mit:

$$[E]_T = [E_a] + [E] + [BE_a] + [BE] + 2[BEE_a]$$

und mit zufällig gewählten Parametern und Variablen:

```matlab
function [dEadt] = Phosphoshi (t,ET)
% Parameter
k(1) .. k(17) = ..;
% Variablen
Ea .. BEEa = ..;
% Gleichungen (ET = E + Ea + BE + BEa + BEEa)
E .. BEEa = ..;
dEadt(1,1) .. dEadt(6,1) = ..;
```

In der Befehlszeile ist mit veränderlichem E_T zu integrieren:

```matlab
for j=1:100
ET=[j,j,j,j,j,j] ;
[t,Ea]=ode23('Phosphoshi',[0 9],ET);
```

```
 EaG(j)=Ea(end,1);
 end
 plot(1:100,EaG);
```

Anhang zu Grafik 18:

```
function [dIdt] = Verzweigungvm (t,I);
vT=0.9; global Km1 Km2 vmax1 vmax2;
dIdt=vT - vmax1*I./(Km1+I) - vmax2*I./(Km2+I);
dIdt=dIdt';
```

In der Kommandozeile:
```
global Km1 Km2 vmax1 vmax2;
Km2=1; Km1=100; vmax1=1; k=1;
for vmax2=0.01:0.01:10
[t,I]=ode23('Verzweigungvm',[0 20],0);
IG(k)=I(end);
k=k+1;
end
semilogx(0.01:0.01:10,IG)

hold on
vmax2=[0.01:0.01:10];
v2=vmax2.*IG./(Km2+IG);
semilogx(vmax2,v2)

v1=vmax1.*IG./(Km1+IG);
semilogx(vmax1,v1)
```

Anhang zu Grafik 19:

```
I=[0:0.1:800];
Km=50;
v=k*S*I./(Km+I);
plot(I,v)

hold on
Km=1.5;
v=k*S*I./(Km+I);
plot(I,v)
```

Literaturverzeichnis

Clausen, Jørgen;Øvlisen, Bjarni

Lactate Dehydrogenase Isoenzymes of Human Semen.
Biochemical Journal (1965) 97: 513.

Clodong, Sébastien; Dühring, Ulf; Kronk, Luiza; Wilde, Annegret; Axmann, Ilka; Herzel, Hanspeter; Kollmann, Markus

Functioning and robustness of a bacterial circadian clock.
Molecular Systems Biology (2007) 3: Artikel 90.

Cobb, Melanie H.

MAP kinase pathways.
Progress in Biophysics and Molecular Biology (1999) 71 (3-4): 479-500.

Cozzone, Alain J.

Regulation of acetate metabolism by protein phosphorylation in enteric bacteria,
Annual Review of Microbiology (1998) 52: 127-164.

Forchhammer, Karl; Tandeau de Marsac, Nicole

The PII protein in the cyanobacterium Synechococcus sp. strain PCC 7942 is modified by serine phosphorylation and signals the cellular N-status.
Journal of Bacteriology (1994) 176: 84-91.

Forchhammer, Karl; Tandeau de Marsac, Nicole

Phosphorylation of the PII Protein (glnB Gene Product) in the Cyanobacterium Synechococcus sp. Strain PCC 7942: Analysis of In Vitro Kinase Activity.
Journal of Bactericology (1995) 177: 5812–5817.

Forchhammer, Karl

Global carbon/nitrogen control by PII signal transduction in cyanobacteria: from signals to targets.
FEMS Microbiology Reviews (2004) 28: 319–333.

Galmozzi, Carla V.; Fernández-Avila M. Jesús; Reyes, José C.; Florencio, Francisco J.; Muro-Pastor, M.Isabel

The ammonium-inactivated cyanobacterial glutamine synthetase I is reactivated in vivo by a mechanism involving proteolytic removal of its inactivating factors,
Molecular Microbiology (2007) 65 (1): 166-179.

García-Domínguez, Mario; Reyes, José C.; Florencio, Francisco J.

NtcA represses transcription of gifA and gifB, genes that encode inhibitors of glutamine synthetase type I from *Synechocystis sp. PCC 6803*.
Molecular Microbiology (2000) 35 (5): 1192-1201.

Goldbeter, Albert; Koshland Jr., Daniel E.

An amplified sensitivity arising from covalent modification in biological systems,
Proc. Natl. Acad. Sci. U.S.A. (1981) 78 (11): 6840-6844.

Hagemann Martin; Golldack Dortje; Biggins John; Erdmann Norbert

Salt-dependent protein phosphorylation in the cyanobacterium *Synechocystis PCC 6803*,
FEMS Microbiol Letters (1993) 113: 205-210.

Hihara, Yukako; Muramatsua, Masayuki; Nakamura, Kinu; Sonoike Kintake

A cyanobacterial gene encoding an ortholog of Pirin is induced under stress conditions.
FEBS Letters (2004) 574 101–105.

Hisbergues, Michael; Jeanjean, Robert; Joset, Francoise; Tandeau de Marsac, Nicole; Bedu, Sylvie

Protein PII regulates both inorganic carbon and nitrate uptake and is modified by a redox signal in *Synechocystis PCC 6803*.
FEBS Letters (1999) 463: 216-220.

Ihlenfeldt, M. J. A.; Gibson, J.

Acetate uptake by the unicellular cyanobacteria Synechococcus and Aphanocapsa.
Archives of Microbiology (1977) 113 (3) 231-241.

Kaufmann, Benjamin B.; van Oudenaarden, Alexander

Stochastic gene expression: from single molecules to the proteome.
Current Opinion in Genetics & Development (2007), 17: 107-112.

Klipp, Edda; Liebermeister, Wolfram ; Wierling, Christoph; Kowald, Axel; Lehrach, Hans; Herwig, Ralf

Systems Biology: A Textbook
Wiley-Vch (2009).

Kobayashi, Masaki; Rodríguez, Rocío; Lara, Catalina; Omata, Tatsuo

Masaki Kobayashi‡, Rocı´o Rodrı´guez§, Catalina Involvement of the C-terminal Domain of an ATP-binding Subunit in the Regulation of the ABC-type Nitrate/Nitrite Transporter of the Cyanobacterium Synechococcus sp. Strain PCC 7942.
Journal of Biological Chemistry (1997) 272 (43): 27197-27201.

Kolobova E.; Tuganova A.; Boulatnikov I.; Popov K.M.

Regulation of pyruvate dehydrogenase activity through phosphorylation at multiple sites.
Biochemical Journal (2001) 358 (1): 69-77.

LaPorte, David C.; Walsh, Kenneth; Koshland Jr., Daniel E.

The Branch Point Effect,
Journal of Biological Chemistry (1984) 259 (22): 14068-14075.

LaPorte, David C.; Thorness, Peter E.; Koshland Jr., Daniel E.

Compensatory Phosphorylation of Isocitrate Dehydrogenase,
Journal of Biological Chemistry (1985) 260 (19): 10563-10568.

LaPorte, David C.; Koshland Jr., Daniel E.

A protein with kinase and phosphatase activities involved in regulation of tricarboxylic acid cycle,
Nature (1982) 300: 458-460.

Laurent, Sophie; Jang, Jichan; Janicki, Annick; Zhang, Cheng-Cai; Bédu, Sylvie

Inactivation of spkD, encoding a Ser/Thr kinase, affects the pool of the TCA cycle metabolites in *Synechocystis sp. strain PCC 6803.*
Microbiology (2008) 154: 2161-2167.

Lee, Hyun-Mi; Flores, Enrique; Herrero, Antonia; Houmarda, Jean; Tandeau de Marsac, Nicole

A role for the signal transduction protein PII in the control of nitrate/nitrite uptake in a cyanobacterium.
FEBS Letters (1998) 427: 291-295.

Mann, Nicholas H.

Protein phosphorylation in cyanobacteria,
Microbiology (1994) 140: 3207-3215.

Merrick, M. J.; Edwards, R. A.

Nitrogen Control in Bacteria.
Microbiological Reviews (1995) 59 (4): 604-622.

Miller, Stephen P.; Karschnia, Elizabeth J.; Ikeda, Timothy P.; LaPorte, David C.

Isocitrate dehydrogenase kinase/phosphatase. Kinetic characteristics of the wild-type and two mutant proteins,
Journal of Biological Chemistry (1996) 271 (32): 19124-19128.

Mutalik, Vivek K.; Shah, Parag; Venkatesh, K. V.

Allosteric Interactions and Bifunctionality Make the Response of Glutamine Synthetase Cascade System of Escherichia coli Robust and Ultrasensitive.
Journal of Biological Chemistry, (2003) 278 (29): 26327–26332.

Paithoonrangsarida, Kalyanee; Shoumskayaa, Maria A.; Kanesakia, Yu; Satohe, Syusei; Tabatae, Satoshi; Losc, Dmitry A.; Zinchenkof, Vladislav V.; Hayashid, Hidenori; Tanticharoenb, Morakot; Suzukia, Iwane; Murata, Norio

Five Histidine Kinases Perceive Osmotic Stress and Regulate Distinct Sets of Genes in *Synechocystis.*
JBC Papers in Press. Published on October 7, 2004 as Manuscript M410162200.

Pearce, J.; Carr, N. G.

The metabolism of acetate by the blue-green algae, *Anabaena variabilis* and *Anacystis nidulans.*
Journal of General Microbiology 49 (1967): 301-313.

Pearson, G.; Robinson, F.

Mitogen-Activated Protein (MAP) Kinase Pathways: Regulation and Physiological Functions. Endocrine Review (2001) 22: 153-183.

Sanders, C.E.; Melis, A.; Allen, John F.

Invivo Phosphorylation of Proteins in the Cyanobacterium Synechococcus 6301 after Chromatic Acclimation to Photosystem-I or Photosystem-I Light, Biochim et Biophys. Acta (1989) 976: 168-172.

Shen, Laura C.; Atkinson, Daniel E.

Regulation of Pyruvate Dehydrogenase from Eschirichia coli. Journal of Biological Chemistry (1970) 246 (22): 6974-6978.

Shinar, Guy; Milo, Ron; Rodriguez Martinez, Maria; Alon, Uri

Input– output robustness in simple bacterial signaling systems. PNAS (2007) 104 (50): 19931–19935.

Shinar, Guy; Rabinowitz, Joshua D.; Alon, Uri

Robustness in Glyoxylate Bypass Regulation, PLoS Computational Biology (2009) 5(3): e1000297 doi:10.1371/journal.pcbi.1000297 .

Soo, Po-Chi; Horng, Yu-Tze; Lai, Meng-Jiun; Wie, Jun-Rong; Hsieh, Shang-Chen; Chang Yung-Lin; Tsai, Yu-Huan; Lai, Hsin-Chih

Pirin Regulates Pyruvate Catabolism by Interacting with the Pyruvate Dehydrogenase E1 Subunit and Modulating Pyruvate Dehydrogenase Activity. Journal of Biology (2007) 189 (1): 109–118.

Stock, Jeffrey B.; Ninfa, Alexander J.; Stock, Ann M.

Protein Phosphorylation and Regulation of Adaptive Responses in Bacteria. Microbiological Reviews (1989) 53 (4): 450-490.

Stueland, Constance S.; Gorden, Keith; LaPorte, David C.

The Isocitrate Dehydrogenase Phosphorylation Cycle, Journal of Biological Chemistry (1988) 263 (36): 19475 - 19479.

Walsh, Kenneth; Koshland Jr., Daniel E.

Determination of Flux through the Branch Point of Two Metabolic Cycles, Journal of Biological Chemistry (1984) 259 (15): 9646 - 9654.

Walsh, Kenneth; Koshland Jr., Daniel E.

Branch Point Control by the Phosphorylation State of Isocitrate Dehydrogenase, Journal of Biological Chemistry (1985) 260 (14): 8430 - 8437.

Zhang, Cheng-Cai; Jang, Jichan; Sakr, Samer; Wang, Li

Protein Phosphorylation on Ser, Thr and Tyr Residues in Cyanobacteria, Journal of Molecular Microbiology and Biotechnology (2005) 9:154-166.

Zhu, Yan; Qin, Ling; Yoshida, Takeshi; Inouye, Masayori

Phosphatase activity of histidine kinase EnvZ without kinase catalytic domain. PNAS (2000) 97 (14): 7808–7813.

BEI GRIN MACHT SICH IHR WISSEN BEZAHLT

- Wir veröffentlichen Ihre Hausarbeit,
  Bachelor- und Masterarbeit

- Ihr eigenes eBook und Buch -
  weltweit in allen wichtigen Shops

- Verdienen Sie an jedem Verkauf

Jetzt bei www.GRIN.com hochladen
und kostenlos publizieren